STEINKORALLEN
IM AQUARIUM
BAND 2

Aquarienhaltung

Vermehrung

Haltungsprobleme und Lösungen

Daniel Knop

Meerwasseraquaristik

Inhaltsverzeichnis

Vorwort **5**

Aquarienhaltung von Steinkorallen **7**

Beleuchtung **9**
Halogenmetalldampf- oder Leuchtstofflampen? 9
Steinkorallen unter Halogenmetalldampflampen 10
Steinkorallen unter 26-mm-Leuchtstofflampen 10
Licht-Schatten-Effekt 10
Steinkorallen unter 16-mm-Leuchtstofflampen 12
Wie viel Licht benötigen Steinkorallen? 13
Lichtverluste im Aquarium 16
Welche Lichtfarbe? 20
Beleuchtungsdauer 23
Steinkorallen und Farbpigmentation 24
Welche Rolle spielen mineralische Elemente? 25
Steigert blaue Lichtstrahlung die Farbpigmentation? 26
Photosynthese und Farbpigmentation 28

Das Aquarienwasser **31**
Steinkorallen und Wasserströmung 32
CSD und Reverse-CSD 33
Herkömmliche Pumpensysteme 34
Ist stärkere Strömung besser? 35
Turbulente oder laminare Strömung? 35
Wie lässt sich eine laminare Strömung erzeugen? 36
Strömung: „Liter pro Stunde" oder „Zentimeter pro Sekunde"? 37
Biologische Filterung 40
Mechanische Filterung 41
Gasblasenfrei filtern 41
Aktivkohlefilterung 42
Abschäumung 43
Was ist Zeolith? 44

Mengenelemente **44**

Die Karbonathärte **44**
Karbonathärte-Puffer 45

Der Calciumgehalt **46**
Die „Balling-Methode" 46
Kalkreaktor 48
Kalkwasser 49
Der Kalkwasser-Mischer 50

Das Kalkwasser-Mischrohr 50
Kalkwasser-Mischer oder Mischrohr automatisch betreiben 51

Magnesiumzufuhr **52**

Spurenelemente **52**
Spurenelemente nach Balling 54

Der Nitratgehalt **55**
Nitratkontrolle durch Teilwasserwechsel 56
Bakterieller Nitratabbau im Lebendgestein 56
Bakterieller Nitratabbau im Denitrifikationsfilter 56

Der Phosphatgehalt **57**
Phosphatsenkung durch Teilwasserwechsel 60
Phosphatsenkung durch Kalkwasser 60
Phosphatsenkung durch Phosphatbindemittel 60
Phosphatsenkung durch Abschäumung 60

Fischfütterung im Steinkorallenaquarium **61**

Fütterung von Steinkorallen **63**

Nachzucht von Steinkorallen **65**

Geschlechtliche Fortpflanzung im Aquarium **65**
Reifung von Keimzellen 66
Keimzellenabgabe im Aquarium 66
Aufziehen von Korallenlarven 74
Mondlicht für Steinkorallenaquarien 75
Probleme durch Keimzellenabgabe 75

Vegetative Vermehrung durch Fragmentation **76**
Befestigung am Substrat 82
Substratauswahl 84
Fragmentieren 87
Was ist sonst zu beachten? 89
Fragmentieren eines LPS-Korallenpolypen 90
Steinkorallen-Nachzuchtaquarium 92

Haltungsprobleme **96**

Ausbleichen **96**
Wirkungsverstärkung von Wassertemperatur und Beleuchtung? 98
Ausbleichen durch Makroalgen-Photosynthese 99

RTN – was ist das? **100**
 Es beginnt meist langsam 101
 Stressfaktoren summieren sich 101
 So beugen Sie gegen „RTN" vor 103
 RTN-Behandlung ohne Antibiotikum 103
 Chloramphenicol-Behandlung von Steinkorallen 105
 Beschleunigte Resistenzbildung 105
 Chloramphenicaol-Behandlung nach Bingman 105

Andere Steinkorallen-Haltungsprobleme **106**
 Massenvermehrung von Mikroorganismen 107
 Schwermetallvergiftungen 108
 Was tun bei Schwermetallvergiftungen im Riffaquarium? 110
 Bohralgen 111
 Parasiten und Fressfeinde von Steinkorallen 114
 Parasitäre Turbellarien 123

Literatur **130**

Sachwortverzeichnis **132**

Titelbild: Steinkoralle *Acropora* sp.
Hintergrund: *Fungia* sp. Foto: W. Fiedler
Fotos und Grafiken ohne Quellenangabe vom Autor

ISBN 3-931587-71-1

© 2002 Natur und Tier - Verlag GmbH
 An der Kleimannbrücke 39/41 - 48157 Münster
 Geschäftsfürung: Matthias Schmidt
 Layout: Nick Nadolny
 Lektorat: Kriton Kunz
 Druck: Merkur Druck, Detmold

Die Deutsche Bibliothek - CIP-Einheitsaufnahme

Knop, Daniel:
Steinkorallen im Aquarium / Daniel Knop. - Münster : NTV
 (NTV) Meerwasseraquaristik)

Bd. 2. Koralle. - 2002
 ISBN 3-931587-71-1

Vorwort

Gemeinsam mit dem ersten Band möchte das vorliegende Buch das nötige Grundwissen für die Aquarienhaltung von Steinkorallen vermitteln. Die Beschreibung aquaristischer Methoden und Techniken ist natürlich immer eine Art „Momentaufnahme", denn fortwährend tauchen neue Steinkorallenarten in der Aquaristik auf, deren Aquarienhaltung eine Herausforderung darstellt und neue Probleme aufwirft. Die Lösung solcher Probleme schafft dann Fortschritte der aquaristischen Erkenntnisse und Möglichkeiten. Ein Beispiel dafür ist die Calciumzufuhr, ein weiteres die Bekämpfung von durch Protozoen ausgelöste Gewebeschäden. Spätere Auflagen dieser beiden Bände werden dafür sorgen, dass auch zukünftig entwickelte Haltungsmethoden und Techniken Erwähnung finden.

Das Vorhaben, ein Buch über die Steinkorallenhaltung zu schreiben, verlangt aber auch ein gewisses Maß an Beschränkung. Niemand sollte mit den relativ empfindlichen Steinkorallen in das Hobby Meeresaquaristik einsteigen, denn viele Arten nehmen selbst kleinere Anfängerfehler übel. Weitaus besser ist es, mit robusten Weichkorallen aquaristische Erfahrungen zu sammeln, bevor man darangeht, die nächste Herausforderung – die Steinkorallenhaltung – zu meistern. Darum habe ich ein gewisses Grundwissen über aquaristisch relevante Themen wie Aquarienchemie oder Lichtphysik vorausgesetzt. Es hätte den Rahmen dieser Buchbände gesprengt, solche riffaquaristischen Grundlagen mit aufzunehmen und beispielsweise zu erklären, was ein pH-Wert ausdrückt. Dort aber, wo in diesen Bereichen Kenntnisse nötig sind, die über die allgemeinen meeresaquaristischen Grundlagen hinausgehen, habe ich mich bemüht, näher darauf einzugehen, z. B. bei der Aquarienbeleuchtung, die für Steinkorallen eine ganz besondere Bedeutung hat.

Wie bei den meisten meiner früheren Bücher bin ich auch beim Schreiben dieser beiden Buchbände von vielen unterstützt worden, sei es durch Wissenschaftler, die wichtige Ratschläge oder Hinweise gaben, oder durch Aquarianer, die mir hervorragendes Bildmaterial zur Verfügung stellten, das mir anders nicht zugänglich gewesen wäre, oder mich Korallen aus ihren Aquarien fotografieren ließen. Ihnen allen, auch den hier nicht namentlich Genannten, gilt mein ausdrücklicher Dank. Wolfgang Czech (Konstanz) brachte die Steinkorallen-Aquaristik einschließlich der Gestaltung des Steinaufbaus in seinen Riffbecken zu einer wahren Meisterschaft, die mich sehr beeindruckt hat. David Saxby (England) trug mit seinem phantastischen Riffaquarium viel dazu bei, die Grenzen der Riffaquaristik zu erweitern. Atakan Sever von Welkes Megapet (Köln) entwickelte sich nicht nur zu einem hervorragenden Aquarienfotografen, sondern stand mir auch mit seiner großen aquaristischen Erfahrung zur Seite, und Claude Schuhmacher von Flora 2000 (Filderstadt) machte mir besonders interessante oder ungewöhnliche Steinkorallen zugänglich und unterstützte mich auch mit seiner umfassenden Riffaquaristik-Erfahrung, ebenso wie Dr. Jochen Lohner (Insel Reichenau), der mir stets über seine Erfahrungen mit Steinkorallen berichtete. Daniela Stettler (Schweiz) bewies eindrucksvoll, dass es bei mancher „nicht aquarienhaltbaren" azooxanthellaten Steinkoralle eine reine Futterfrage ist, die darüber entscheidet, ob sie im Aquarium prächtig gedeihen kann oder nicht.

Richard Harker (NC, USA) nahm bei den Salomonischen Inseln Steinkorallen beim Ablaichen auf und fertigte dabei die faszinierenden Fotos der *Montigyra*-Eizellenbündel an. Rolf Hebbinghaus vom Aquazoo Löbbecke Museum (Düsseldorf) fotografierte ebenfalls Steinkorallen bei der

Das Riffaquarium von David Saxby in London ist dicht mit Steinkorallen und Weichkorallen unterschiedlichster Art besetzt.
Foto: J. Simmonds

geschlechtlichen Vermehrung, jedoch im Aquarium, und Steve Tyree (Kalifornien, USA) begleitete eine *Pocillopora-damicornis*-Larve mit der Kamera durch ihre ersten Lebenswochen und schoss phantastische Fotos von ihrer Entwicklung. Prof. Dietrich Schlichter (Köln) brachte mir seine faszinierenden Forschungsergebnisse bezüglich der Ernährung von Korallen nahe, insbesondere auf dem Gebiet der Rolle endolithischer Algen. Auch die vielen Konversationen mit J. Charles Delbeek (Hawaii, USA), Dr. Phil Alderslade (Darwin, AUS) und Dr. Katharina Fabricius (Queensland, AUS) trugen viel zu meinem grundsätzlichen Verständnis der Zusammenhänge in Sachen Nahrungsaufnahme bei Korallen bei, obgleich es dabei hauptsächlich um Weichkorallen ging. Die *Acropora*-Spezialistin Dr. Carden Wallace (Queensland, AUS) machte mir umfassendes Informationsmaterial über „ihre" Steinkorallengattung zugänglich, und Prof. Jean Jaubert (Monaco) informierte mich in zahlreichen E-Mail-Konversationen über die beeindruckenden Haltungserfolge von Steinkorallen mit seinem NNR-System. Algenspezialist Dr. Ingo Botho Reize (Köln) scheute keine Mühe, mich per Telefon oder E-Mail über Geheimnisse in der Welt einzel-

liger Algen aufzuklären, und der Steinkorallentaxonom Prof. J. E. N. „Charlie" Veron (Queensland, AUS) gab mir nicht nur mit seinem bahnbrechenden dreibändigen Werk eine der Grundlagen für das Erarbeiten des Bestimmungsteiles in Band 1 an die Hand und stellte mir auch Bildmaterial zur Verfügung, sondern bewahrte mich auch mit Hilfe direkter Konversationen vor manch einem Irrtum bei der Bestimmung der Korallen. Mein indonesischer Freund Jacobus Busono ermöglichte mir mit seinem Hubschrauber Luftaufnahmen von Korallen im indonesischen Inselarchipel. Ihnen allen danke ich für die Mühe ebenso wie dem Natur und Tier-Verlag, insbesondere dem Verleger Matthias Schmidt und dem Grafiker Nick Nadolny, aber auch allen anderen, die daran Anteil haben, dass diese zwei Bände so ansprechend gestaltet und so zügig produziert werden könnten. Zu guter Letzt danke ich meiner Frau Rosalinda für die Geduld, mit der sie meine umfassenden, aufwändigen aquaristischen und fotografischen Aktivitäten daheim nicht nur erträgt, sondern nach besten Kräften fördert. Ihr möchte ich darum dieses Buch widmen.

Daniel Knop
Sinsheim und Manila, Februar 2002

Aquarienhaltung von Steinkorallen

Mit großem Aufwand an Zeit und Geld schaffen viele Aquarianer in ihrem Wohnzimmer oder Hobbykeller kleine Steinkorallenriffe von atemberaubender Schönheit. Mit Sorgfalt wird die Grundstruktur für das Korallenbiotop im Aquarium geplant, mit Akribie werden winzige Korallenfragmente eingesetzt und schließlich mit Hingabe gepflegt, so dass daraus ein kleines lebendes Korallenriff im Glaskasten entsteht. In keiner Hinsicht ist dieses Miniriff mit jenem vergleichbar, was Meerwasseraquaristik-Freunde in den sechziger Jahren unternahmen, um im Wohnzimmer einen Riffbiotop zu pflegen, denn man hatte damals die Skelette abgestorbener Korallen im Aquarium untergebracht und farbenprächtige Korallenfische dazwischen umherschwimmen lassen. Im heutigen Riffaquarium befindet sich ein lebender Korallenbiotop, in dem zahlreiche verschiedene Korallenarten leben, sich entwickeln und um den Siedlungsraum konkurrieren, ähnlich wie in freier Natur. Fortwährend beobachtet man Populationsverschiebungen, einzelne Arten breiten sich weiter aus und drängen andere zurück. Zu keinem Zeitpunkt ist das Korallenriffaquarium genauso, wie in einem früheren Moment, denn alles lebt und ist in fortwährender Veränderung begriffen. Der Wandel, so scheint es, ist das einzig Beständige in diesem Miniriff, und diese Dynamik, die wir im Riffaqua-

Steinkorallen im Aquarium von Wolfgang Czech

rium erleben, macht wahrscheinlich einen Teil seiner Faszination aus.

Zahlreiche Aquarianer sind durch die intensive Beschäftigung mit diesem Hobby zu Experten geworden und haben durch Aquarienbeobachtungen viel Wissen über die Lebensgemeinschaft im Riff zu Tage gefördert. Noch in den sechziger Jahren war ein Meeresaquarium eher ein „Aufbewahrungsbehälter" für Korallentiere gewesen, den man mit ähnlicher Philosophie wie einen Vogel- oder Hamsterkäfig steril und sauber gehalten hatte. Nachdem dann der Indonesier Lee Chin Eng als Erster lebendes Riffgestein als Dekorationsmaterial verwendet und keimtötenden Techniken wie Ozon oder medikamentösen Behandlungen den Rücken gekehrt hatte, begann man ganz allmählich, das Riffaquarium als lebende Gemeinschaft voneinander abhängiger Organismen zu betrachten. Mit dem Lebendgestein gelangte eine ungeheure Fülle von Arten in das Aquarium. Fortan begann man, nicht nur diejenigen sessilen Wirbellosen hineinzusetzen, die als „aquarienhaltbar" bekannt waren, sondern bemühte sich ganz gezielt, die Bedürfnisse vieler Korallenarten zu erforschen, um die Aquarienverhältnisse danach auszurichten.

Auf diese Weise wurden die Riffaquarien immer „korallengerechter", und die neuen Techniken und Methoden führten zunächst zu ganz erstaunlichem Wachstum von zooxanthellaten Weichkorallen wie *Nephthea*-Bäumchenweichkorallen, *Sinularia-*, *Sarcophyton* oder *Xenia*-Arten, und später schließlich zu den großartigen Hal-

tungserfolgen mit Steinkorallen, die sich vor allem in den neunziger Jahren in vielen Riffaquarien zeigten. Mehr und mehr Arten, von denen noch Jahre zuvor postuliert worden war, sie würden niemals im Aquarium am Leben zu erhalten sein, begannen zu wachsen und prächtige Miniriffe zu bilden. Immer mehr konzentrierten viele Aquarianer sich darauf, ihren Korallen das Leben im Aquarium angenehmer zu machen, die Lampen sonnenähnlicher und das Wasser nährstoffärmer. Diese Entwicklung ist derzeit noch im Gange und lässt für die Zukunft viel erhoffen.

Beleuchtung

Für das Wachstum von Steinkorallen im Riffaquarium gehört das richtige Licht zu den wichtigsten Voraussetzungen. Darum wird dieses Thema im vorliegenden Buch recht ausführlich behandelt. Dabei werden jedoch Grundkenntnisse der Lichtphysik vorausgesetzt, etwa die Zusammensetzung des Lichtes aus einzelnen Farbanteilen, die Bedeutung von Begriffen wie „photosynthetisch verfügbare Strahlungsanteile" (photosynthetically available radiation, PAR) und „photosynthetisch verwertbare Strahlungsanteile" (photosynthetically usable radiation, PUR) oder die Rolle von Hilfspigmenten für die Photosynthese. Diese Dinge sind für das Verständnis der Zusammenhänge eine Voraussetzung, doch sie hier zu erläutern würde den Rahmen sprengen. Wer mehr über lichtphysikalische Grundlagen und die Beleuchtung von Meerwasseraquarien wissen möchte, kann dies in Literatur nachlesen, die sich speziell mit dem Thema „Aquarienbeleuchtung" befasst (z. B. KNOP 1999).

Halogenmetalldampf- oder Leuchtstofflampen?

Steinkorallen, vor allem Arten aus Flachwasserbereichen der Riffe, benötigen ohne Frage kräftige Beleuchtung. Hier empfehlen sich Halogenmetalldampf-Hochdrucklampen (HQI, HRI u. a.), die in Aufbau und Wirkungsweise den Quecksil-

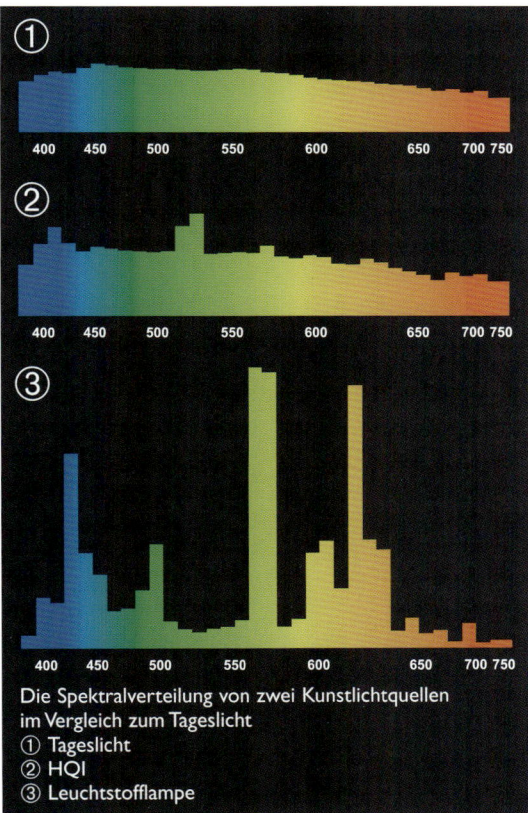

Die Spektralverteilung von zwei Kunstlichtquellen im Vergleich zum Tageslicht
① Tageslicht
② HQI
③ Leuchtstofflampe

berdampflampen ähneln, aus denen sie auch entwickelt wurden. Quecksilberdampflampen sind, wie die Erfahrungen der letzten fünfzehn Jahre gezeigt haben, für Riffaquarien nicht geeignet (KNOP 1999), doch die Halogenmetalldampflampen besitzen, wie der Name schon sagt, zusätzlich bestimmte Halogenverbindungen, mit denen Lücken im Farbspektrum geschlossen werden konnten. Dadurch finden sich unter diesen Lampen heute auch diejenigen künstlichen Lichtquellen, die dem natürlichen Sonnenlicht ganz besonders nah kommen. Ein Blick auf die Spektraldiagramme von natürlichem Tageslicht und Halogenmetalldampflampenlicht zeigt die große Übereinstimmung in der spektralen Zusammensetzung und in der Ausgeglichenheit der Stärke einzelner Anteile. Die gesamten 90er-Jahre hindurch war man in der Riffaquaristik der festen Überzeugung, dass diese Lampen das bisher beste Licht für die Aquarienhaltung von Steinkorallen produzierten.

Steinkorallen unter Halogenmetalldampflampen

Bei den meisten Steinkorallenaquarien trifft man heute Halogenmetalldampflampen an. Für viele Aquarianer hat die Nutzung dieser Beleuchtungsvariante einen ganz besonderen Reiz. Man kann leichter in das Aquarium hineingreifen, beispielsweise um zu füttern oder Wartungsarbeiten auszuführen. In dem offenen Aquarium erlebt man den Aquarienbiotop nicht nur von vorne durch die Frontscheibe, sondern auch von oben, ganz ohne Trennung durch eine Glasscheibe. Durch die große Entfernung der Lampe zur Wasseroberfläche kommt es in diesen Aquarien zu einer schattenreichen Ausleuchtung, und bei bewegter Wasseroberfläche entsteht auf dem Bodengrund ein charakteristischer, netzförmiger Schatteneffekt, der ein leichtes Flimmern verursacht, etwa als würde man durch die Wasseroberfläche eines klaren Baches blicken. Das schafft eine besonders natürliche Wirkung.

Steinkorallen unter 26-mm-Leuchtstofflampen

Manche Steinkorallen sind aber auch mit erheblich geringeren Beleuchtungsstärken zufrieden zu stellen, so dass für sie auch Leuchtstofflampen ausreichen. Allerdings sinkt bei zu schwacher Beleuchtung schnell die Wachstumsrate, weil durch die geringere Photosyntheserate der Symbiosealgen natürlich die Kalksynthese entsprechend weniger forciert wird. Bei einigen Steinkorallenarten, die ihre Polypen stets öffnen, kommt es dann auch zu einer starken Steigerung der Polypenausdehnung, wodurch die Koralle versucht, den Lichtmangel zu kompensieren, indem mehr Platz für Symbiosealgen geschaffen wird. Ein Beispiel für diese Reaktion ist die Art *Montipora digitata*.

Dass sich manche Steinkorallen auch unter Leuchtstofflampen pflegen lassen und sogar unter diesem Licht wachsen, weiß man erst seit relativ kurzer Zeit, so dass in vielen Büchern noch zu lesen ist, sie seien ohne HQI-Lampen nicht zu halten. Je mehr Erfahrungen man im Laufe der 90er-Jahre mit der Aquarienhaltung von Steinkorallen machen konnte, umso öfter hat man auch Korallenstöcke erlebt, die sich unter Leuchtstofflampenlicht gut entwickelten. Entscheidend ist dabei vor allem die Frage, wie effektiv das Licht von der Lampe zur Koralle gebracht wird. Gute (und saubere!) Reflektoren und geringer Abstand zwischen Lampe und Wasseroberfläche (bzw. zwischen Lampe und Koralle) sind wichtige Faktoren, ebenso wie das regelmäßige Reinigen der Röhren von Salzauflagerungen, wenigstens einmal wöchentlich, damit kein Licht verloren geht. Leuchtstofflampen bieten gegenüber Halogenmetalldampflampen eine Reihe von Vorteilen, z. B. die geringere Wärmeproduktion, die niedrigeren Anschaffungskosten oder die gleichmäßigere Lichtverteilung. Befindet sich eine Halogenmetalldampflampe über dem Aquarium, dann ist die Beleuchtung im Zentrum am stärksten, und je mehr wir eine Koralle zum Rand des Aquariums bringen, umso weniger Licht wird sie erhalten. Hinzu kommt die Tatsache, dass das Licht einer Halogenmetalldampflampe stark gerichtet ist, so dass es nur von oben auf unsere Koralle auftrifft. Leuchtstofflampen emittieren dagegen Licht in diffuserer Ausrichtung, so dass die Korallen auch Licht erhalten, das z. B. von den Glasscheiben in das Aquarium reflektiert wird. Die Folge ist, dass die Korallen mehr Licht von der Seite bekommen und sich demzufolge auch erlauben können, im Rahmen ihres Wachstums mehr Seitenfläche zu entwickeln. Die Form des Korallenstockes entwickelt sich bei vielen Steinkorallen unter Leuchtstofflampen anders als unter Halogenmetalldampflampen.

Licht-Schatten-Effekt

Der Licht-Schatten-Effekt, der sich bei Halogenmetalldampflampen auf den beleuchteten Flächen entwickelt, entfällt bei den Leuchtstofflam-

Montipora digitata mit normaler Polypenausbildung

Montipora digitata kompensiert einen Lichtmangel durch stärkere Ausdehnung der Polypen.

pen durch die geringe Entfernung zur Wasser-oberfläche. Allgemein wird das Fehlen dieses Effekts der diffuseren Lichtabstrahlung der Leuchtstofflampen zugeschrieben, doch das trifft nicht zu, denn wenn man eine Leuchtstofflampe probeweise in 50 cm Entfernung zur Wasseroberfläche hält, dann stellt sich der Licht-Schatten-Effekt ebenfalls ein, durch die geringere Lichtleistung allerdings erheblich schwächer als bei Halogenmetalldampflampen. Jeder Aquarianer muss selbst entscheiden, wie wichtig ihm dieser optische Eindruck ist. Einige weisen mit Recht darauf hin, er lasse das Aquarium natürlicher wirken, denn in der Starklichtzone des Korallenriffs ist dieser Licht-Schatten-Effekt an allen beleuchteten Flächen gut zu sehen. Manche Aquarianer empfinden diesen Effekt im Riffbecken jedoch als störend oder sogar hektisch, weil er optisch viel Bewegung erzeugt. Wer dennoch nicht darauf verzichten möchte, kann ihn mit Hilfe kleiner Niedervolt-Halogenlampen auch gezielt erzeugen. Dazu sind nur ein Halogenlampentrafo und einige kleine Lampen nötig, die irgendwo in einiger Entfernung über dem Aquarium angebracht sind, damit man sie durch die Wasseroberfläche auf den Bodengrund richten kann.

Steinkorallen unter 16-mm-Leuchtstofflampen

Seit einigen Jahren sind dünnere, Energie sparende Leuchtstofflampen erhältlich. Diese neue Leuchtstofflampen-Generation, von Osram als „T5-Generation" bezeichnet, bietet verschiedene Vorteile. Der geringere Durchmesser der Leuchtstoffröhren macht die gesamte Leuchte schlanker, so dass eine größere Zahl von Röhren über das Aquarium passt bzw. weniger Fläche blockiert wird. Der Einsatz elektronischer Vorschaltgeräte steigert die Lichtleistung und spart zugleich Strom, weil nur wenig Wärme entwickelt wird. Zwar werden die Leuchtstofflampen endseitig ebenso heiß wie herkömmliche Typen, möglicherweise sogar noch heißer, was langfristig vielleicht Probleme mit den Feuchtraum-Fas-

sungen mit sich bringen könnte, doch die Vorschaltgeräte entwickeln erheblich weniger Wärme. Das bringt Vorteile nicht nur im Stromverbrauch, sondern auch bei hohen sommerlichen Wassertemperaturen. ROBERT BAUR-KRUPPAS und MANUELA KRUPPAS testeten diese Leuchtstofflampen über einem Steinkorallenaquarium sechs Monate lang (2001). Sie hatten viel Gelegenheit, vergleichende Eindrücke zu sammeln, weil eine Hälfte des Aquariums mit einer herkömmlichen 400-Watt-Halogenmetalldampflampe beleuchtet wurde, die andere mit besagten Leuchtstofflampen. Nach ihren Erfahrungen wurden ähnliche Lichtstärken erzielt, die jedoch bei den Leuchtstofflampen im Vergleich zur Halogenmetalldampflampe zum Rand des Aquariums hin nicht abnahmen. Die Verträglichkeit dieses Lichtes für Steinkorallen empfanden die Autoren des Artikels als deutlich besser, vor allem bei Korallen, die frisch in das Becken eingesetzt wurden. Auch stellten sie bei einigen (nicht bei allen) Korallen eine stärkere Pigmentation fest.

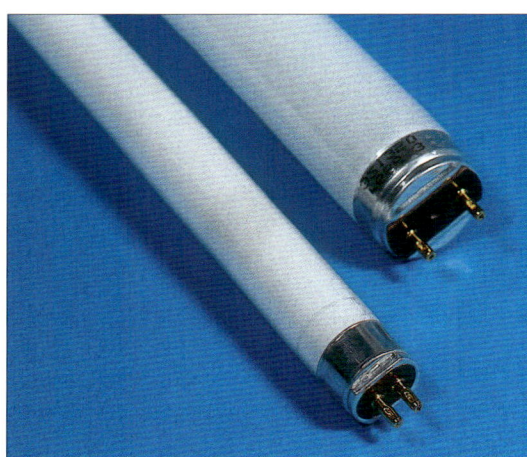

Leuchtstofflampen mit 16 und 26 mm Durchmesser im Vergleich

Mit diesen dünnen Leuchtstofflampen lässt sich also eine Lichtleistung erreichen, die der eines HQI-Strahlers nicht nachsteht, vor allem, wenn ein guter Reflektor verwendet wird. Die Frage, ob nun Leuchtstofflampen oder HQI-Licht die bessere Beleuchtungslösung für ein Steinkoral-

In zunehmender Wassertiefe lässt die Beleuchtungsstärke rapide nach.

lenaquarium sind, lässt sich nicht eindeutig beantworten, denn „das ideale Licht" für Riffaquarien allgemein gibt es nicht. Ideal wird eine Lichtquelle erst dadurch, dass man die „passenden" Tiere darunter setzt. Leuchtstofflampen sind in Anschaffung und Betrieb preiswerter, HQI-Lampen bieten nicht nur den beliebten „Flimmereffekt" auf allen beleuchteten Flächen, sondern ermöglichen auch ein offenes Aquarium, das den zusätzlichen Blick von oben durch die Wasseroberfläche erlaubt und das Hantieren im Becken erheblich vereinfacht.

Wie viel Licht benötigen Steinkorallen?

Die maximale Lichtintensität an der Wasseroberfläche des Korallenriffs beträgt bei strahlendem Sonnenschein und blauem Himmel etwa 100.000 Lux (KNOP 1999). Das ist jedoch, wie gesagt, ein Maximalwert, der im Riff nur für relativ kurze Zeit vorliegt. Darum sollten wir ihn über dem Steinkorallenaquarium nicht als Dauerbeleuchtung anstreben. Was zählt, ist der langfristige Mittelwert, denn durch Wolkenzug und Sonnenstandsveränderungen wird dieses Lichtmaximum in der Natur stark reduziert. KRAUSE (1997) errechnet als langfristigen Mittelwert für die Sonneneinstrahlung einen Wert von 56 % des Lichtmaximums. Im vorliegenden Falle wären das also rund 56.000 Lux an der Wasseroberfläche. Schon in 50 cm Wassertiefe hat sich die Lichtmenge aber halbiert, und in einem biologisch aktiven Gewässer dringen nur weniger als 5 % bis in eine Tiefe von 20 Metern vor. Das

In diesem Saumriff, das eine indonesische Insel umgibt,
siedeln im hell beleuchteten Flachwasser viele Steinkorallen.

wären in unserem Fall gerade noch knapp 3.000 Lux als langfristiger Mittelwert.

JAUCH (1988) maß im Roten Meer an der Riffoberkante, wo die meisten zooxanthellaten Steinkorallen zu finden sind, 50.000 - 70.000 Lux, in einer Tiefe von 15 m 15.000 Lux und in 20 m Tiefe, wo nur noch wenige zooxanthellate Steinkorallen leben, sogar nur noch 2.000 - 4.000 Lux. Legen wir nun die Kalkulation von KRAUSE (1997) zugrunde, dann ergeben sich als langfristige Mittelwerte ca. 40.000 - 28.000 Lux (Riffoberkante) und 8.400 Lux (15 m Tiefe). Da die allermeisten Steinkorallen, die im Riffaquarium gehalten werden, aus diesem Bereich zwischen Riffkante und 15 m Tiefe stammen, kann man sie abhängig von Art, Wuchsform und Färbung einer Beleuchtungsstärke zwischen 40.000 und 8.400 Lux zuordnen, bei abgeschattet siedelnden Tieren entsprechend geringeren Lichtstärken.

Lichtverluste im Aquarium

Für die oberen 20 cm im Aquarium gibt SAUER (1989) einen Lichtverlust von 51 % an. Erzeugen wir an der Wasseroberfläche unseres Aquariums 10.000 Lux, dann bleiben uns 20 cm unterhalb der Wasseroberfläche also rechnerisch noch 4.900 Lux. Wir müssten also 80.000 Lux an der Wasseroberfläche erzeugen, um in 20 cm Tiefe mit 39.200 Lux den errechneten langfristigen Mittelwert der Riffoberkante zu erhalten. Dies könnten wir theoretisch erreichen, wenn wir einen Quadratmeter Grundfläche unseres Aquariums mit einer Halogenmetalldampflampe Osram HQI T 1000 W/D beleuchteten. Diese Lampe bietet eine Lumenleistung von 80.000 und erzeugt auf daher einem Quadratmeter Fläche 80.000 Lux (vorausgesetzt, es gelänge uns, das gesamte Licht verlustfrei auf die Wasseroberflä-

Nachtaufnahme im Aquarium: zum Planktonfang geöffnete Polypen einer *Acropora* sp. mit maximal ausgestreckten Fangarmen

che zu bringen, was aber in der Praxis nicht möglich ist, so dass unser tatsächlich erreichter Luxwert etwas niedriger sein wird). Davon bliebe uns in 20 cm Wassertiefe also ungefähr so viel übrig, wie wir an der Riffkante als langfristigen Mittelwert erwarten dürfen.

Installierten wir stattdessen eine Lampe Osram TS 250 W/D (20.000 Lumen), dann erreichten wir damit auf unserem Quadratmeter Wasseroberfläche theoretisch 20.000 Lux und hätten in 20 cm Wassertiefe noch 9.800 Lux zur Verfügung – gerade etwas mehr, als den errechneten langfristigen Mittelwert für 15 m Wassertiefe im Riff. Eine Lampe Osram TS 150 W/D (11.000 Lumen) lieferte in 20 cm Wassertiefe noch 5.390 Lux, eine Lichtintensität, die wir im Riff als langfristigen Mittelwert weit unterhalb von 15 m erwarten können (wenn man Abstrahlverluste mitrechnet, sogar noch geringere Werte, die für

gesundes Wachstum der meisten Steinkorallen zu niedrig sein dürften). Vier T5-Tageslicht-Leuchtstoffröhren Osram FQ 54 W/860 (je 4.750 Lumen) über unserem Quadratmeter Wasseroberfläche lieferten uns in 20 cm Tiefe immerhin noch 9.310 Lux, so viel wie bei einem 250 Watt-HQI-Strahler. Mit zwei dieser Röhren erreichten wir gerade noch 4.655 Lux, fast so viel wie mit einer 150-Watt-HQI-Lampe. Vier herkömmliche 26-mm-Leuchtstoffröhren Osram Lumilux 36 W/11 (je 3.250 Lumen) über unserem Quadratmeter Wasseroberfläche lieferten uns in 20 cm Tiefe noch 6.370 Lux, mit zwei dieser Röhren erreichten wir gerade noch dürftige 3.185 Lux.

Natürlich sind all dies keine exakten Berechnungen, weil viele variable Faktoren beiseite gelassen wurden: Wassertrübungen im Meer und Wasserfärbungen im Aquarium haben einen großen Einfluss auf die Eindringtiefe des Lichtes;

Die oberen 20 cm des Aquarienwassers absorbieren ca. 51% des Lichtes. Foto: J. Simmonds, Aquarium: D. Saxby

Elchhorn-Geweihkoralle *Acropora palmata* Foto: W. Fiedler

Form und Oberflächenbeschaffenheit des Reflektors wirken sich auf die erreichten Luxwerte aus. Auch hat das normale Aquarium keine quadratische Form, mit der wir das Lampenlicht optimal auf der Wasseroberfläche verteilen könnten; bei einem rechteckigen, offenen Aquarium geht meist ein Teil des Lichtes vor dem Becken auf den Teppich und oberhalb des Aquariums an die Wand. Darum müsste man die Angelegenheit eigentlich erheblich differenzierter betrachten, als es hier geschehen ist. Diese grobe Vereinfachung soll nur helfen, eine bessere Vorstellung von der erzeugten Beleuchtungsstärke zu bekommen und sie mit dem natürlichen Lebensraum unserer Steinkorallen zu vergleichen.

Allerdings sind solche Faustregeln allesamt nicht sehr praxisnah, denn wie schon erwähnt kommt es hauptsächlich auf den Lichtbedarf der Tiere an, die wir pflegen möchten. Außerdem dürfen wir nicht vergessen, dass es die Korallen kaum interessiert, wie viel Lux wir auf ihrem Körpergewebe erzeugen, nicht einmal, wie viel photosynthetisch aktive Strahlung (PAR, photosynthetically active radiation) wir ihnen bieten, sondern nur, wie viel für sie photosynthetisch „verwertbare" Strahlung (PUR, photosynthetically usable radiation) darin enthalten ist, was in unserem Falle sehr stark von der spektralen Zusammensetzung der Lampe abhängt und von den akzessorischen Assimilationspigmenten (Photosynthese-Hilfspigmente), die von der betreffenden Symbiosealge verwendet werden. Darum sollte man Tabellen und Faustregeln, nach denen die erforderliche Wattleistung oder Lampenzahl ermittelt werden soll, eigentlich mit Misstrauen begegnen. Besser ist es, den Biotop-Typ festzulegen, den man im Aquarium einrichten möchte. Die natürlichen Lichtverhältnisse dieses Biotops sollten dann zugrunde gelegt werden. Beobachtet man seine Korallen aufmerksam, dann wird man von ihnen mehr über die Qualität und Stärke der Beleuchtung erfahren als von einem Luxmeter oder aus irgendeiner Tabelle.

Trotz dieses Votums gegen Faustregeln hier jedoch ein paar Empfehlungen für eine mittel-

starke Beleuchtung, unter der sich die meisten aquariengeeigneten Steinkorallenarten pflegen lassen: Beleuchtet man ein 500-Liter-Aquarium mit zwei HQI-Lampen von je 250 Watt, so erreicht man ein Watt pro Liter Aquarienwasser (1 W/l). Für gesundes Steinkorallenwachstum kann dies als Lichtminimum angesehen werden, dessen Strombedarf allerdings durch Verwendung der Energie sparenden T5-Leuchtstofflampen noch deutlich unterschritten werden kann. Einige Aquarianer gehen jedoch so weit, ein 300-Liter-Riffaquarium mit einem 1.000-Watt-HQI zu beleuchten (3,3 W/l). Zwischen diesen Grenzmarken ist also alles möglich, wenn Sie die im Lichtbedarf dazu passenden Steinkorallen in das Aquarium setzen. Hier drei Beispiele:

Leuchtstofflampen 16 mm: eine Tageslichtröhre pro 10 cm Beckentiefe (z. B. Aquarium L 130 x T 50 x H 50 = fünf T5-Leuchtstofflampen zu je 54 Watt (0,83 W/l)

Halogenmetalldampflampen 250 Watt: ein Tageslichtbrenner pro 100 cm Beckenlänge (z. B. Aquarium L 200 x T 50 x H 50 = zwei HQI-Brenner zu je 250 Watt (1,00 W/l)

Halogenmetalldampflampen 400 Watt: ein Tageslichtbrenner pro 100 cm Beckenlänge (z. B. Aquarium L 200 x T 60 x H 60 = zwei HQI-Brenner zu je 400 Watt (1,11 W/l)

Welche Lichtfarbe für Steinkorallen?

Das Riffaquarium stellt einen kleinen Ausschnitt aus dem Korallenriff nach. Das wird in der Regel eine ganz bestimmte Zone des Riffs sein, zum Beispiel ein Teil des hellbeleuchteten Flachwassers an der Riffkante. Ebenso gut kann es aber auch eine solitäre Korallenformation im Innenriff sein oder ein tiefer liegender Teil der Riffwand, etwa in zehn oder 15 Metern Tiefe. In all diesen Fällen sollten wir versuchen, die dort lebenden Organismen im Aquarium biotopgerecht zusammenzustellen, und um ihnen tatsächlich naturnahe Bedingungen bieten zu können, müssen wir natürlich auch versuchen, das Lichtklima ihres Lebensraumes nachzustellen.

Das Farbspektrum der Lampen simuliert die

Steinkorallen in einem Jaubert-NNR-Aquarium des Musée Océanografique in Monaco Foto: J. Jaubert

Blick auf die Beleuchtung des Aquariums von Doris Burghardt mit Zünd- und Vorschaltgeräten der HQI-Brenner sowie einem Ventilator. Foto: D. Burghardt

Meerestiefe, weil im natürlichen Gewässer die Spektralfarben unterschiedlich stark vom Wasser absorbiert werden. Die Rotanteile werden bereits frühzeitig absorbiert, die Blauanteile jedoch dringen weit in die Tiefe vor. Reine Tageslichtlampen simulieren das Licht, das wir in den oberen Metern des Meeres finden, z. B. auf dem Riffdach. Reine Blaubeleuchtung hingegen simuliert das Licht in größerer Tiefe, z. B. 20 m, wo die zooxanthellaten Steinkorallen größtenteils von azooxanthellaten Weichkorallen verdrängt wurden. Nur wenigen symbiotischen Steinkorallen gelingt es, sich an dieses von Blaustrahlung dominierte Licht anzupassen, indem die für das Chlorophyll nicht erreichbaren kurzwelligen Spektralanteile durch Hilfspigmente aufgenommen und in langwelligere Strahlung transformiert werden (SCHLICHTER & FRICKE 1990).

Wenngleich viele Aquarianer aus ästhetischen Gründen auf kältere Lichtfarben bzw. höhere Kelvin-Werte (größerer Blauanteil) schwören, ist diese Lichtfarbe für Steinkorallen nicht zwangsläufig besser als das Vollspektrum-Tageslicht. Auch hier gilt in Bezug auf das „ideale Licht" die oben genannte Devise: „Ideal" wird das Licht erst dadurch, dass wir die „passenden" Tiere darunter setzen. Die weitaus meisten Steinkorallen, die wir im Aquarium pflegen, sind in der Natur in der oberen Riffzone anzutreffen, in wenigen Metern Tiefe, wo wir unter Wasser noch fast das volle Tageslichtspektrum finden. Zwar siedeln viele dieser Arten auch in deutlich tieferem Wasser mit schwächerem, spektral reduziertem Licht, doch damit ist nicht gesagt, dass sie sich in diesem Lichtklima optimal entwickelten. Gewiss, sie können hier existieren, doch das ist in vielen Fällen nur ihren raffinierten Adaptionsmechanismen zu verdanken, mit denen sie bestimmte ungünstige Umgebungsbedingungen kompensieren. Allerdings gilt dies auch

Ausschnitt aus dem gleichen Aquarium Foto: D. Burghardt

für das hell beleuchtete Riffdach, denn Korallen, die hier leben, reizen möglicherweise ihre Lichtschutzmechanismen bis in den Grenzbereich aus. Wichtig ist es, den typischen Lebensraum einer Korallenart herauszufinden, um ihre Umgebungsansprüche verstehen und im Aquarium erfüllen zu können.

Durch die Kombination von Tageslichtlampen mit Blautonlampen bzw. durch den Einsatz von Lampen mit höheren Kelvinwerten können wir versuchen, das Lichtklima einer bestimmten Meerestiefe zu simulieren. Das sollte jedoch ganz bewusst geschehen und nicht in Abhängigkeit von einer riffaquaristischen „Modeströmung". Überlegen Sie, welche Tiefenzone des Riffes Sie nachbilden möchten, installieren Sie die passende Lichtstärke (ca. 1 - 1,5 W/l) sowie Lichtfarbe (ca. 5.000 - 14.000 K) und setzen Sie diejenigen Steinkorallen ein, die in der Natur auch einen entsprechenden Lebensraum bewohnen.

Beleuchtungsdauer

Die tägliche Beleuchtungsdauer sollte bei rund zwölf Stunden liegen, denn das ist die Dauer des tropischen Tages. Wenn wir allerdings eine sehr starke Beleuchtung installiert haben, z. B. mehr als 1 W/l Aquarienwasser, dann sollte nicht die ganzen zwölf Stunden lang mit maximaler Lichtstärke gefahren werden. Hier empfiehlt es sich, zu Beginn und zum Ende der Beleuchtungsphase für jeweils zwei Stunden die Lichtmenge zu reduzieren, z. B. auf zwei Leuchtstofflampen, und nur acht bis zehn Stunden voll zu beleuchten. Unter acht Stunden sollte die Starklichtphase unseres Steinkorallenaquariums jedoch nicht liegen. Eine relativ schwache Beleuchtung des Aquariums können wir in gewissen Grenzen durch eine höhere Beleuchtungsdauer kompensieren. Das sollte aber niemals über 14 Stunden hinausgehen.

Ein Blick durch die Seitenscheibe des Aquariums von David Saxby Foto: J. Simmonds

Steinkorallen und Farbpigmentation

Seit einigen Jahren interessieren sich viele Aquarianer besonders für außergewöhnlich farbenprächtige Steinkorallen, und Korallenstöcke mit kräftig grüner, roter oder blauer Farbe erzielen hohe Verkaufspreise. Logische Folge ist der Versuch, die Pigmentation der Korallen im Aquarium zu steigern. Dabei taucht häufig die Frage auf, ob die Pigmentationen durch UV-Strahlung gefördert werden, durch eine allgemeine Verstärkung der Beleuchtung oder durch Spurenelementgaben. Zwar sind wir heute noch weit davon entfernt, darüber klare Aussagen machen zu können, weil wissenschaftliche Untersuchungen in diesem Feld noch am Anfang stehen, doch man kann bereits sicher davon ausgehen, dass

alle drei genannten Faktoren am Zustandekommen der Pigmentation beteiligt sind. Es handelt sich bei den Farbpigmenten – grob vereinfacht – um einen Schutz vor zu starker Beleuchtung, die sonst die Photosynthese der Symbiosealgen weit über den Kompensationspunkt hinaus steigern würde. Auch UV-Schutzstoffe fallen partiell in diese Kategorie, weil zumindest die energiereiche UV-A-Strahlung noch für die Photosynthese genutzt wird (KNOP 1999), wenngleich der Hauptzweck der UV-Schutzstoffe fraglos der ist, das Korallengewebe vor schädlichen Wirkungen dieser Strahlung zu schützen. All dies lässt natürlich vermuten, dass diese Pigmentationen sich durch Erhöhen dieser Strahlungen auch verstärken lassen, was den bisherigen Beobachtungen vieler Aquarianer entspricht.

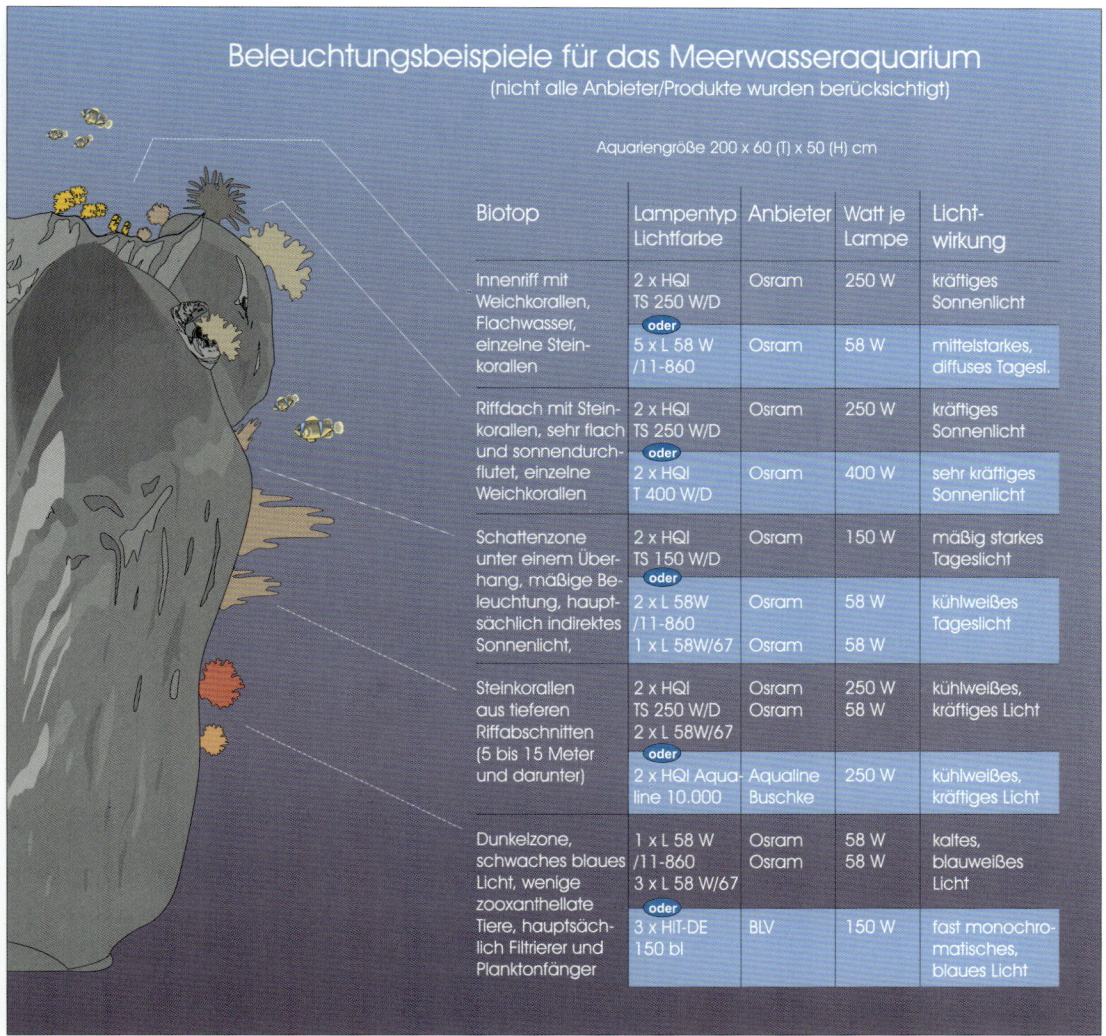

Beleuchtungsbeispiele für das Meerwasseraquarium
(nicht alle Anbieter/Produkte wurden berücksichtigt)

Aquariengröße 200 x 60 (T) x 50 (H) cm

Biotop	Lampentyp Lichtfarbe	Anbieter	Watt je Lampe	Licht-wirkung
Innenriff mit Weichkorallen, Flachwasser,	2 x HQI TS 250 W/D	Osram	250 W	kräftiges Sonnenlicht
einzelne Stein-korallen	*oder* 5 x L 58 W /11-860	Osram	58 W	mittelstarkes, diffuses Tagesl.
Riffdach mit Stein-korallen, sehr flach und sonnendurch-flutet, einzelne	2 x HQI TS 250 W/D	Osram	250 W	kräftiges Sonnenlicht
Weichkorallen	*oder* 2 x HQI T 400 W/D	Osram	400 W	sehr kräftiges Sonnenlicht
Schattenzone unter einem Über-hang, mäßige Be-	2 x HQI TS 150 W/D	Osram	150 W	mäßig starkes Tageslicht
leuchtung, haupt-sächlich indirektes	*oder* 2 x L 58W /11-860	Osram	58 W	kühlweißes Tageslicht
Sonnenlicht,	1 x L 58W/67	Osram	58 W	
Steinkorallen aus tieferen Riffabschnitten	2 x HQI TS 250 W/D 2 x L 58W/67	Osram Osram	250 W 58 W	kühlweißes, kräftiges Licht
(5 bis 15 Meter und darunter)	*oder* 2 x HQI Aqua-line 10.000	Aqualine Buschke	250 W	kühlweißes, kräftiges Licht
Dunkelzone, schwaches blaues Licht, wenige	1 x L 58 W /11-860 3 x L 58 W/67	Osram Osram	58 W 58 W	kaltes, blauweißes Licht
zooxanthellate Tiere, hauptsäch-lich Filtrierer und Planktonfänger	*oder* 3 x HIT-DE 150 bl	BLV	150 W	fast monochro-matisches, blaues Licht

Beleuchtungsbeispiele für einige Riffbiotope mit unterschiedlichem Lichtklima, nach KNOP (1999)

Welche Rolle spielen mineralische Elemente?

Dem stehen jedoch Erfahrungen anderer Aquari-aner entgegen, die mit Hilfe bestimmter – selbst gemischter oder kommerziell angebotener – Spurenelementkombinationen die Farbpigmen-tation ihrer Steinkorallen steigern konnten. Das ist durchaus kein Widerspruch, denn die Synthe-se der Schutzpigmente im Gewebe der Korallen ist an das Vorhandensein verschiedener chemi-scher Elemente gebunden. Fehlen sie, dann ist die Produktion bestimmter Pigmente gestört, und eine Erhöhung der betreffenden Strahlungs-anteile im Licht – bzw. eine Verstärkung der ge-samten Lichtstrahlung – kann im Korallengewe-be zu Stoffwechselproblemen führen. Das kann im Einzelfall durchaus eine Strahlungsmenge sein, die von anderen Korallen im gleichen Aqua-rium noch problemlos vertragen wird. Die Ent-

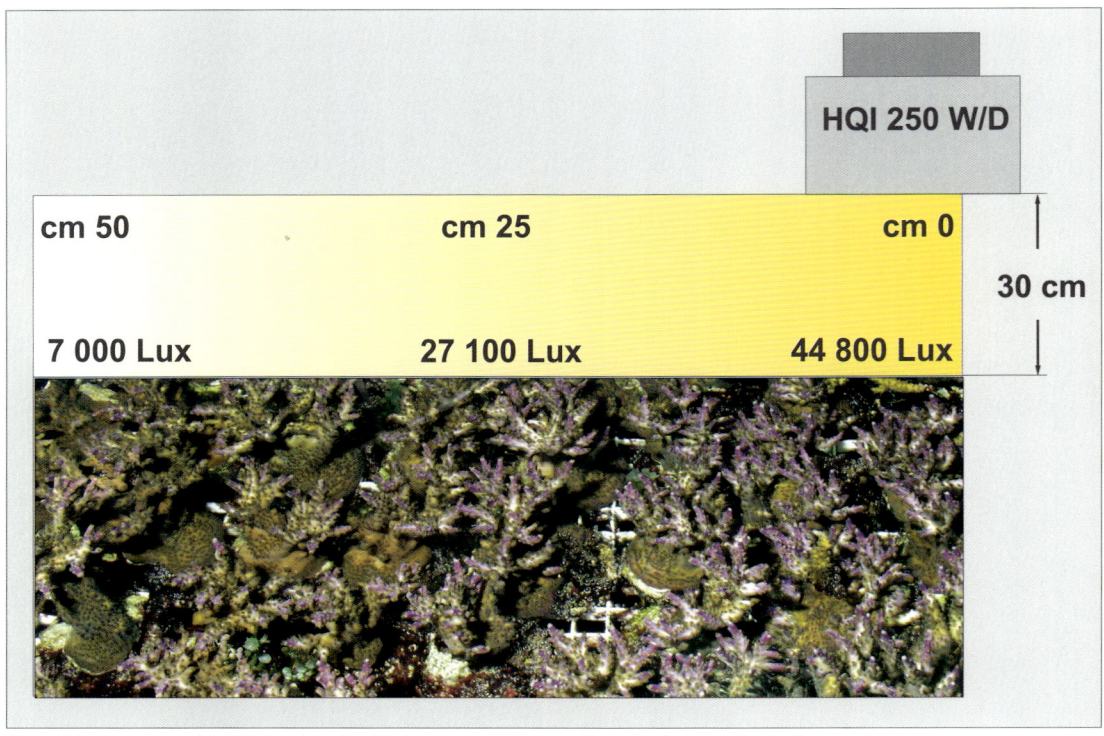

Diese Montage zeigt die Abhängigkeit der Farbpigmentation einer *Acropora*-Art von der Lichtintensität.

stehung dieser Schutzpigmente ist aber ebenfalls an das Vorhandensein bestimmter Strahlungsanteile gekoppelt, die eine Art Auslöserfunktion haben, so dass diese mineralischen Elemente allein wenig ausrichten.

Daraus ergeben sich beinahe zwangsläufig die Fragen „Welche Spektralanteile muss denn das Licht aufweisen, um eine Verstärkung der Pigmentation auszulösen?" und „Welche Spurenelemente muss ich dafür zuführen?". Die einfachste Antwort lautet: „Alle". Das mag naiv klingen, doch da in diesem Feld bisher kaum wissenschaftlich gesicherte Erkenntnisse vorliegen, sondern nur empirische, die auf Beobachtungen – zumeist im Riffaquarium – zurückgehen, ist das die einzige Möglichkeit, mit einigermaßen großer Wahrscheinlichkeit auf dem richtigen Weg zu sein. Wenn wir unselektiv die Beleuchtung mit allen Spektralanteilen steigert und – zum Beispiel durch einen regelmäßigen, umfas-

senden Teilwasserwechsel – dafür sorgen, dass kein chemisches Element zu einem Mangelfaktor wird, dann werden wir damit die Farbpigmentation unserer Steinkorallen auf einem interessanten, mittleren Niveau halten und ein Verblassen der Farben verhindern können. Rekordverdächtige Blau-, Rot- oder Grüntöne werden wir auf diesem Wege allerdings kaum erzeugen.

Steigert blaue Lichtstrahlung die Farbpigmentation?

Ob sich die Pigmentationen der Korallen durch selektive Steigerung der Strahlungsmengen in einzelnen Spektralbereichen – z. B. blaue Lichtstrahlung mit höherem Kelvinwert – steigern lassen, ist noch nicht erwiesen. Grundgedanke dieser Überlegungen ist nicht nur die Tatsache, dass in größeren Meerestiefen blaue Lichtstrahlung zwischen 400 und 500 nm dominiert, son-

Ein prächtig gefärbtes Exemplar von *Stylophora pistillata* im Aquarium von W. Czech

dern auch die Vermutung, dass nicht die Zahl der Photonen entscheidend ist, die das Lichtrezeptorsystem einer Koralle bzw. Symbiosealge erreichen, sondern die Energie, die von ihnen transportiert wird. Da Photonen zwischen 400 und 500 nm im blaugrünen Spektralbereich energiereicher sind als in darüber liegenden Bereichen, klingt das zwar logisch, doch die oben genannte Überlegung ist keinesfalls bewiesen. Und selbst wenn dem so wäre, spräche zunächst nichts dagegen, die gesamte Lichtmenge so weit zu steigern, bis auch im blauen Spektralbereich die erforderliche Strahlungsmenge erreicht wäre. Es sei denn, ästhetische oder ökonomische Überlegungen zwängen dazu, „überflüssige" Strahlungsanteile im Rot-Gelb-Bereich zu eliminieren. Doch dann sind es eben ästhetische oder ökonomische Belange, nicht physiologische. Anders formuliert, die Abwesenheit der roten und gelben Spektralanteile im Aquarienlicht stei-

gert nicht die Farbpigmentation unserer Korallen. Sie spart Strom und lässt das Aquarium ästhetisch anders wirken. Auch reduziert sie die Tendenz zum Wachstum unerwünschter Algen. Doch eine Verstärkung der Farbpigmentation können wir davon nicht erwarten.

Wissenschaftler haben bereits vor Jahren Experimente durchgeführt, um Zusammenhänge zwischen einzelnen spektralen Lichtbestandteilen und der Stoffwechselaktivität von Symbiosealgen in den Korallen herauszufinden, beispielsweise durch die Verwendung von Farbfiltern vor natürlichem Sonnenlicht (KINZIE et al. 1984). Dabei wurden auch blaue Acrylglasplatten verwendet, so dass Korallen ausschließlich blaue Spektralanteile des Sonnenlichtes erhielten. Dies führte jedoch zu keiner Steigerung von Wachstum oder Pigmentation. Außerdem ist fraglich, wie weit diese Untersuchungen auf Aquarienverhältnisse übertragen werden können, da die

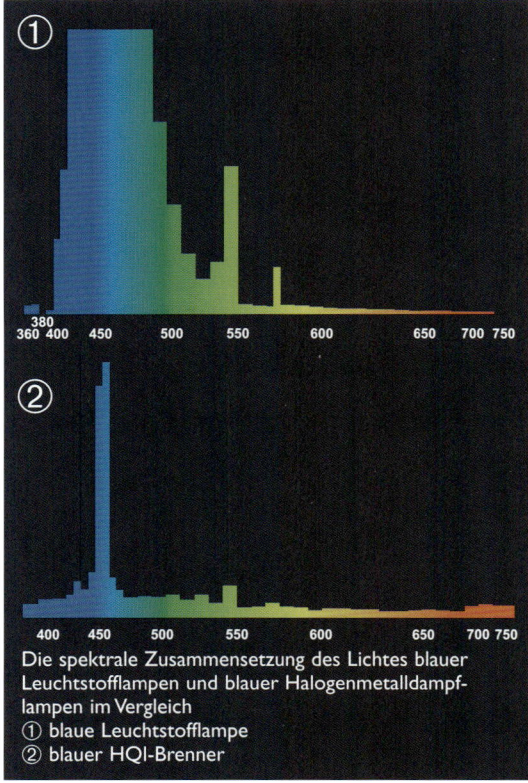

Die spektrale Zusammensetzung des Lichtes blauer
Leuchtstofflampen und blauer Halogenmetalldampflampen im Vergleich
① blaue Leuchtstofflampe
② blauer HQI-Brenner

Lampen in der spektralen Zusammensetzung ihres Lichtes nicht mit der Sonne identisch sind. Es wurden auch Laborversuche mit isolierten Pigmenten durchgeführt, um ihr Absorptionsspektrum festzustellen. Bei solchen Laboruntersuchungen mit isolierten Pigmenten, so genannten „in-vitro-Untersuchungen", kommt ein erschwerender Umstand hinzu: Chlorophylle und Carotinoide liefern in solchermaßen isoliertem Zustand andere Messergebnisse als bei einer „in-vivo-Untersuchung", also in ihrer physiologischen Umgebung in der Koralle, denn dort sind sie an bestimmte Proteine gekoppelt, die ihr Aufnahmespektrum nach links (Blau) verschieben (S. FOURNIER, pers. Hinw.).

DANA RIDDLE (pers. Hinw.) führte vor einigen Jahren ein Vergleichsexperiment mit rosafarbenen Fragmenten der Koralle *Pocillopora damicornis* durch. Unterschiedliche HQI-Lampentypen

wurden eingesetzt, um die Fragmente im gleichen Aquarium zu beleuchten, und innerhalb mehrerer Wochen stellten sich keinerlei Unterschiede in der Farbpigmentation ein. Lediglich Fragmente, die vom Gestein auf den Bodengrund fielen, verloren die rosafarbenen Pigmente (geringere Lichtschutzpigmentation) und wurden braun (Steigerung der Zooxanthellendichte, um die geringere Photosyntheserate infolge der verringerten PAR-Strahlung zu kompensieren).

Photosynthese und Farbpigmentation

Die Photosynthese des Chlorophylls findet nicht nur in schmalen Spektralbereichen des Lichtes statt. Chlorophyll a absorbiert Strahlung im Bereich von 400 - 430 nm, Chlorophyll c2 und das Hilfspigment Peridinin im Bereich von 440 - 500 nm sowie geringe Anteile im Bereich von 650 - 670 nm. Hinzu kommen akzessorische Assimilationspigmente im Bereich oberhalb von 500 nm, die aber die Rolle von "Reserve-Lichtrezeptoren" spielen, und deren Funktion im Falle eines Lichtmangels aktiviert bzw. gesteigert werden kann. Dadurch kann Licht in einem Spektralbereich aufgenommen werden, der vom Chlorophyll selbst nicht genutzt werden kann, denn diese Hilfspigmente konvertieren diese Strahlung und machen sie für das Chlorophyll nutzbar. Nahezu alle spektralen Bereiche der Aquarienbeleuchtung tragen dazu bei, die Photosynthese der Symbiosealgen unserer Korallen zu steigern, und jede Steigerung der Photosyntheserate über den Kompensationspunkt wird in gewissem Rahmen dazu führen, die Bildung protektiver (schützender) Pigmente zu verstärken, vorausgesetzt, die dazu nötigen mineralischen Elemente sind im Aquarienwasser vorhanden.

Es ist allerdings möglich, dass Lampen mit bestimmter spektraler Lichtzusammensetzung die vorhandene Pigmentation besser sichtbar machen und dadurch stärker zur Geltung bringen. Das gilt vor allem für fluoreszierende Pigmente, oft als GFP (green flourescent protein) und PFP (pink flourescent protein) bezeichnet, die als UV-Schutzpigmente anzusehen sind. Die

Steinkorallen im großen
Jaubert-NNR-Aquarium
des Musée Oceanografique
in Monaco. Im Hintergrund
sind schemenhaft die Haie
des angrenzenden Groß-
aquariums zu erkennen.
Foto: J. Jaubert

Wenn das Aquarienwasser an mineralischen Elementen verarmt ist, kann eine starke Beleuchtung auch ohne Temperaturerhöhung zu Ausbleichungen führen, wie bei dieser *Acropora* sp.

Steigerung ultravioletter Strahlung führt zu einer Zunahme dieser Pigmentation, doch nicht jede Aquarienlampe macht sie in gleichem Maße sichtbar. Blaue Strahlung verstärkt die Wahrnehmbarkeit bereits vorhandener GFP- und PFP-Pigmente, was bisweilen den falschen Eindruck erzeugt, dass sie die Entstehung dieser Pigmente fördere. Eine blaue Lampe wird nur dann die UV-Schutzpigmentation steigern, wenn sie zugleich auch eine große Menge an UV-Strahlung emittiert. Im Falle der Leuchtstofflampen für Solarien ist das der Fall, bei herkömmlichen Blauröhren in geringerem Umfang und bei einigen blauen HQI-Brennern mit 20.000 Kelvin nicht (KNOP 1999).

Auch bei den mineralischen Substanzen, die für die Bildung von Farbpigmenten bei Korallen nötig sind, ist man bisher auf empirische Aussagen angewiesen, weil über die Synthese der vielen unterschiedlichen Schutzproteine noch sehr wenige wissenschaftlich gesicherte Erkenntnisse vorliegen. Die meisten dieser Aussagen kommen durch Aquarienbeobachtungen zustande. Vielversprechende Ansätze sind sicher vorhanden, denn mit einigen kommerziell angebotenen Spurenelementpräparaten lassen sich tatsächlich Erfolge erzielen. Doch Firmen, die sich darauf spezialisiert haben, solche Geheimnisse zu lüften und die viel in entsprechende Experimente und Forschungen investieren, haben dabei in der Regel kommerzielle Interessen und hüten diese Erkenntnisse, um ihre Investitionen zu schützen. Doch mehr und mehr Spurenelement-

Das grün fluoreszierende GFP (green flourescent protein) dieser *Acropora*-Steinkoralle ist an die Anwesenheit ultravioletter Strahlung gebunden.

präparate werden speziell für diesen Zweck geschaffen, und der Erfahrungsaustausch zwischen Aquarianern wird sicher viel dazu beitragen, ihre Wirksamkeit zu beurteilen. Hinzu kommt, dass gezielte Forschungen von Wissenschaftlern sicher auch in absehbarer Zeit Ergebnisse bringen werden, die konkrete Aussagen über bestimmte mineralische Elemente und ihre Beziehung zur Synthese der Schutzproteine unserer Korallen zulassen.

Das Aquarienwasser

Wasser ist nicht gleich Wasser, vor allem, wenn man empfindliche Steinkorallen im Aquarium halten möchte. Nicht in jedem Aquarienwasser

gedeihen sie, und man muss das Augenmerk ganz besonders auf bestimmte Parameter richten, um im Aquarium ein Milieu zu schaffen, in dem Steinkorallen sich gut entwickeln können. Natürlich kommt es dabei auch auf allgemeine Dinge wie Salzgehalt, Temperatur oder den pH-Wert an. Wie auch andere Rifforganismen benötigen Steinkorallen einen Salzgehalt zwischen ca. 1,021 und 1,025, eine Wassertemperatur zwischen ca. 22 und 28 °C und einen pH-Wert zwischen ca. 8,1 und 8,5. In dieser Hinsicht unterscheiden sich also die Bedürfnisse von Steinkorallen nicht von denen anderer Wirbelloser im Riff. Die Kenntnis dieser Bedürfnisse ist für die Aquarienhaltung von Steinkorallen zwar auch eine Voraussetzung, doch die Grundbegrif-

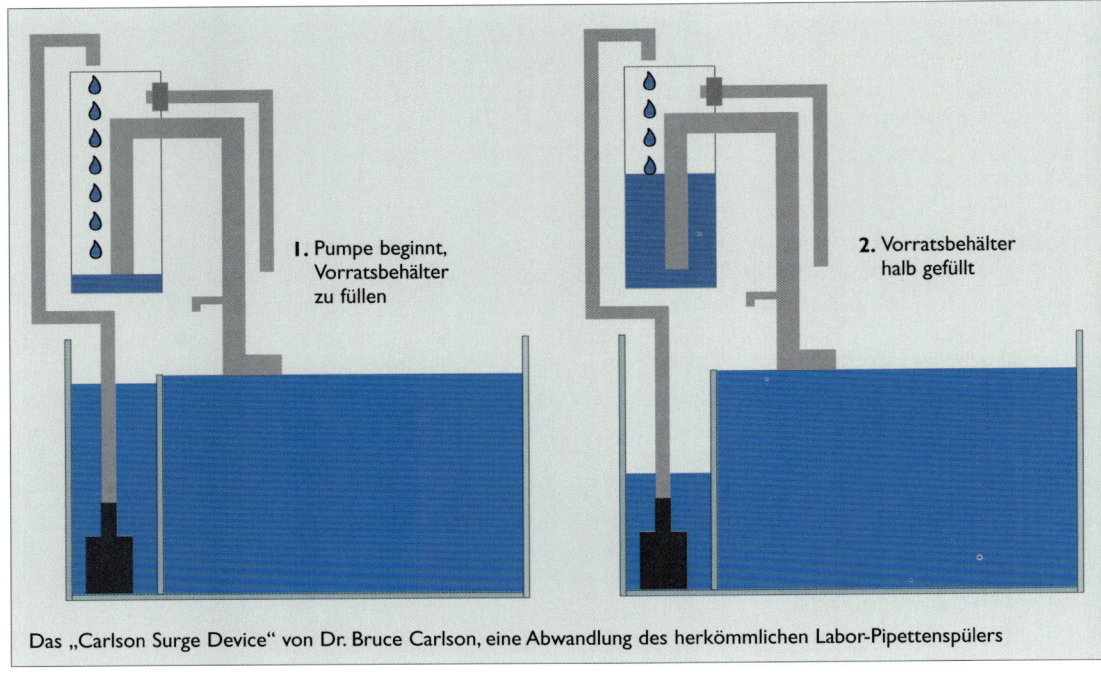

1. Pumpe beginnt,
   Vorratsbehälter
   zu füllen

2. Vorratsbehälter
   halb gefüllt

Das „Carlson Surge Device" von Dr. Bruce Carlson, eine Abwandlung des herkömmlichen Labor-Pipettenspülers

fe hier zu erläutern würde den Rahmen sprengen. Details über Wassertemperatur, Salzgehalt
und pH-Wert können in entsprechender Literatur nachgelesen werden, die sich mit den allgemeinen Grundlagen der Riffaquaristik befasst
(z. B. KNOP 1998). Mit denjenigen Faktoren, die
für die Aquarienhaltung von Steinkorallen rele-
vanter sind als für viele andere Wirbellose im
Riffaquarium, werden wir uns im Folgenden näher beschäftigen.

Steinkorallen und Wasserströmung

Dass Steinkorallen als sessile Wirbellose im
Aquarium Wasserströmung brauchen, steht
sicher außer Frage. Während Fische und nicht-
sessile Wirbellose leicht einen anderen Ort auf-
suche können, verbringen Steinkorallen wie alle
anderen sessilen Wirbellosen ihr ganzes Leben
an einer Stelle. Wenn Fische Exkremente ausscheiden und über die Kiemen Ammonium und
CO_2 abgeben, können sie sich davon einfach entfernen. Auch können sie aktiv zu ihrer Nahrung

hinschwimmen. Steinkorallen sind zu alledem
nicht in der Lage. Was sie ausscheiden, bleibt in
ihrer unmittelbaren Nähe, und die Nahrung
muss zu ihnen hin transportiert werden. Steinkorallen brauchen für Gasaustausch, Nahrungsver-
sorgung, Körperreinigung (Sekrete), Fortpflanzung und anderes unbedingt bewegtes Wasser.

Die Möglichkeiten zur Strömungserzeugung
sind heute enorm vielfältig, meist auch preis-
wert und zuverlässig. Der einfache Luftheber,
die technisch simpelste Methode der Strömungserzeugung im Meerwasseraquarium, dürfte bei der Steinkorallenhaltung allerdings ausscheiden. Das ist schade, denn dieses Verfahren
ist planktonschonend, was für die natürliche Ernährung der Steinkorallen sicher förderlich wäre. Aber ein kleiner Luftheber, wie wir ihn aus
früheren Süßwasseraquarien her kennen, ist für
den Strömungsbedarf von Steinkorallen einfach
zu schwach, und mehrere sehr starke Luftheber
im Aquarium würden dieses Problem zwar lösen, jedoch, wie KEVIN CARPENTER (pers. Hinw.) im
Experiment herausfand, auf unzumutbare Weise

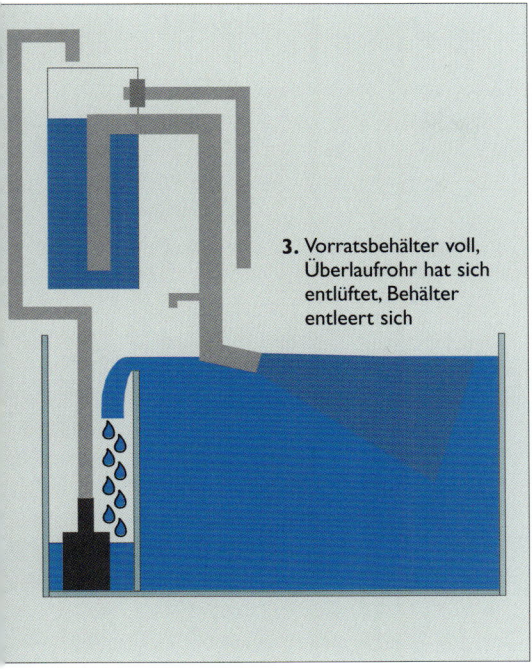

3. Vorratsbehälter voll, Überlaufrohr hat sich entlüftet, Behälter entleert sich

CSD

Das CSD, das der Direktor des Waikiki Aquariums in Hawaii, Dr. Bruce Carlson, aus einem herkömmlichen Labor-Pipettenspüler mit gleicher Funktionsweise entwickelte, arbeitet in zwei Phasen. In der Füllphase wird die Pumpenkammer entleert und der Inhalt in den Vorratsbehälter gefördert, wozu theoretisch ein Luftheber eingesetzt werden kann, denn eine relativ schwache Förderleistung reicht hierzu bereits aus. Sobald sich der Vorratsbehälter ganz gefüllt hat, entlüftet sich das Überlaufrohr und die zweite Phase beginnt: Der Inhalt des Vorratsbehälters ergießt sich sehr rasch in das Aquarium, wobei sich die Pumpenkammer wieder füllt. Beim Pipettenspüler im Labor wird dieser Mechanismus dazu verwendet, gebrauchte Pipetten mehrmals hintereinander zu spülen, und im Riffaquarium kann auf diese Weise mit geringem Technik- und Stromeinsatz eine intermittierende Wasserbewegung erzeugt werden.

Reverse-CSD

Die Umkehrung des CSD funktioniert ebenfalls sehr einfach und verläuft auch in zwei Phasen. Im Gegensatz zum CSD besteht es jedoch aus einem oben geschlossenen glockenförmigen Zylinder, der sich im Aquarium befindet. Dieser Zylinder ist mit Aquarienwasser gefüllt und besitzt oben eine Luftzufuhr. Während der ersten Phase wird Luft in den glockenförmigen Zylinder gepumpt, wodurch der Wasserinhalt langsam in das übrige Aquarium verdrängt wird. Dadurch sinkt der Wasserstand im Reverse-CSD langsam ab. Sobald er eine bestimmte Marke unterschreitet und in den unteren Teil des Ablaufrohres gelangt, beginnt die Luft im Zylinder, durch dieses Rohrsystem zu entweichen. Dadurch füllt sich der Zylinder rasch mit Aquarienwasser, das dem Aquarium entzogen wird und eine turbulenzfreie, aber kräftige Laminarströmung erzeugt. Diese Vorrichtung hat nicht nur die bereits erwähnten Vorteile, planktonschonend und Energie sparend zu sein, sondern sie erwärmt das

mit Spritzwasser und Geräuschen belasten.

Doch das bedeutet nicht, dass grundsätzlich etwas dagegen einzuwenden wäre, wenn Luft im Steinkorallenaquarium dazu eingesetzt wird, Wasserströmung zu erzeugen. Kevin Carpenter, St. Louis, USA, hat beispielsweise ein 8.600-Liter-Riffaquarium mit reiner Luftumwälzung eingerichtet, in dem neben verschiedensten Wirbellosen auch Steinkorallen gepflegt werden (KNOP 2001). Dabei hat er neben der überdimensionalen Ausgabe herkömmlicher Luftheber – ein Rohr, in dem Luftblasen aufsteigen und durch die Sogwirkung Wasser in Bewegung setzen – auch ein speziell konstruiertes Gerät eingesetzt, das in gewisser Weise eine Umkehrung des von Dr. Bruce Carlson vorgestellten „CSD" (Carlson Surge Device) darstellt. Kevin Carpenter bezeichnet seine Konstruktion als „Reverse-CSD". Da sowohl das CSD als auch Carpenters Umkehrung mit Luft betrieben werden können und beide den Vorteil haben, planktonschonend zu sein – für die Steinkorallenhaltung vorteilhaft – sollen sie hier vorgestellt werden.

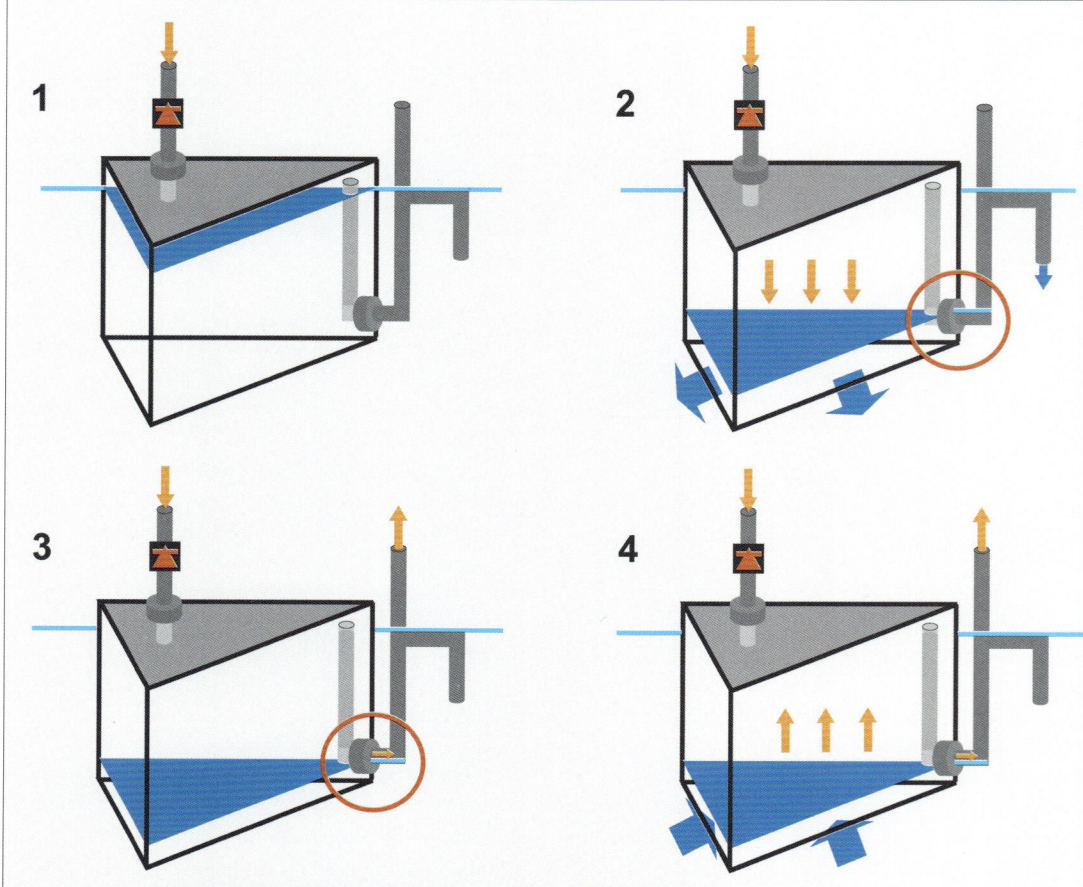

Kevin Carpenters funktionelle Umkehrung des CSD, das „Reverse-CSD" (RCSD):
1. Beginn der Lufteinblasung, Wasser wird aus dem Zylinder verdrängt
2. Wasserstand im RCSD noch oberhalb der kritischen Marke, denn der untere Teil des Ablaufrohres ist noch wassergefüllt
3. Wasserstand erreicht kritische Marke, und Luft gelangt in den unteren Teil des Ablaufrohres
4. Luft entweicht durch das Ablaufrohr aus dem RCSD und das Aquarienwasser läuft zurück in den Zylinder

Aquarienwasser auch nur sehr geringfügig (Membranpumpen werden über die Förderluft gekühlt). Für das CSD gilt bei reinem Luftbetrieb das Gleiche. Nachteilig sind Raumbedarf und je nach technischer Ausführung Betriebsgeräusche und Spritzwasser.

Herkömmliche Pumpensysteme

Eine Tauchpumpe ist heute die gängigste Methode, Strömung zu erzeugen. Preiswerte Tauchpumpen sind in allen Leistungsklassen zu haben, und auch oszillierende Pumpen mit bewegter Ausströmöffnung sind erhältlich. Inzwischen wird sogar für die synchronmotorbetriebenen und magnetgekoppelten Tauchpumpen eine Intervallautomatik angeboten. Vorteilhaft sind geringe Anschaffungskosten und die Tatsache, dass ein Filter vorgeschaltet werden kann. Hinzu kommt, dass solche Pumpen geräuschfrei und verschleißarm arbeiten. Ein kleiner Nachteil dieser Pumpen ist, dass sie planktonische Organismen schädigen können. Das ist bei der Steinkorallenhaltung zwar unerwünscht, stellt aber kein Problem dar. Ein deutlich größeres Problem dagegen ist die Wärmeabgabe an das Wasser. Im Winter ist diese Heizleistung der Pumpen zwar hilfreich, doch in der Sommerzeit kann sie zu einer nennenswerten Temperaturerhöhung führen, auf die Steinkorallen oft sehr empfindlich reagieren.

Dieses Problem lösen die Tauchkreiselpumpen, die früher die am häufigsten eingesetzte Technik zur Strömungserzeugung waren. Bei ihnen wird nur das Kreiselgehäuse in das Wasser getaucht, der Motor befindet sich oberhalb der Wasseroberfläche und wird nicht über das Fördermedium gekühlt. Vorteilhaft ist die hervorragende Steuerfähigkeit zur Erzeugung einer intermittierenden Strömung durch den Spaltpolmotor. Nachteilig sind der hohe Anschaffungspreis, die Störanfälligkeit und die Geräuschentwicklung. Für viele Steinkorallenaquarien ist eine externe Strömungspumpe die beste Wahl, weil sich bei diesem Pumpentyp kein elektrisches Gerät im Aquarium befindet. Damit können auch sehr starke Strömungsleistungen erzeugt werden, allerdings geht ein Teil davon in den Rohrleitungen verloren. Auch herkömmliche Außenfilter können als externe Pumpe verwendet werden, wenn man sie nicht mit Filtermaterial füllt. Legt man Lebendgestein hinein, wirken sie zusätzlich als Biofilter. Neben dem geringen Anschaffungspreis hat man als Vorteil auch eine Volumenvergrößerung des Aquariums. Nachteilig sind allerdings mögliche Undichtigkeiten.

Ist stärkere Strömung besser?

Die Frage, wie stark die Umwälzung im Steinkorallenaquarium sein soll, war immer Gegenstand heißer Debatten zwischen Aquarianern. Daran wird auch dieses Buch wohl wenig ändern können, denn im Riff gibt es zahlreiche unterschiedliche Strömungszonen, und in jedem dieser Habitate finden wir Steinkorallen, die sich einer bestimmten Strömungsstärke angepasst haben. Eine *Cataliaphyllia jardinei* lebt im Riff vorwiegend an strömungsgeschützten Stellen und verlangt im Aquarium eine relativ milde Wasserbewegung. Ein dicht gewachsener *Acropora*-Stock hingegen behindert durch die eigenen Äste die Strömung so stark, dass im Inneren dieser Koralle kaum noch eine Wasserbewegung stattfindet. Wenn nicht wenigstens gelegentlich eine sehr starke Strömung dafür sorgt, dass es im Zentrum des Stockes zu einem Wasseraustausch kommt, dann werden dort die Polypen bald Probleme mit dem Gasaustausch bekommen. Das zeigt, wie sehr die Strömung im Riffaquarium sich nach den spezifischen Bedürfnissen der gepflegten Korallen richten muss. Man kann also bei der Aquarienpflege von Steinkorallen nicht grundsätzlich sagen, „je mehr Strömung, umso besser". Viel wichtiger ist, dass die Strömungsverhältnisse nicht plötzlich und radikal verändert werden. Viele Steinkorallen stellen sich mit ihrer Wuchsform nicht nur auf die Lichtbedingungen ein, sondern auch auf die Strömung. Kommt es hier zu drastischen Veränderungen, dann kann die Adaptionsfähigkeit einzelner Korallenarten rasch überfordert werden.

Turbulente oder laminare Strömung?

Wir sollten bei der Wasserströmung nicht vergessen, dass die Polypen einer Koralle nur in einer bestimmten Bandbreite von Wasserströmungen Plankton fangen können. J. CHARLES DELBEEK beschäftigt sich in Ausgabe 12 der KORALLE ausführlich mit diesem Thema. Zwar bezieht er sich auf azooxanthellate Weichkorallen und nicht auf Steinkorallen, doch da auch Steinkorallen planktonische Organismen aus dem Wasser fangen, sollten diese Ratschläge auch im Steinkorallenaquarium berücksichtigt werden. Auch müssen wir bedenken, dass Korallen an der Riffwand fast immer eine laminare Strömung erhalten, selten eine turbulente. Lediglich im oberflächennahen Bereich des Riffes, in dem der Wellenschlag sich auf Korallen auswirkt, finden wir turbulente Strömungen. Das betrifft jedoch nur das Riffdach und die Riffkante bzw. einzeln stehende Korallenformationen im Vorriff. An der ge-

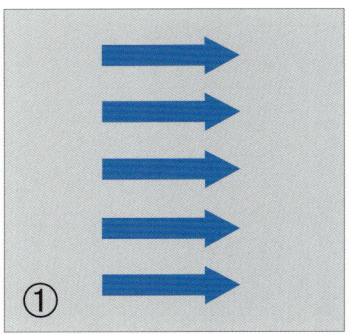 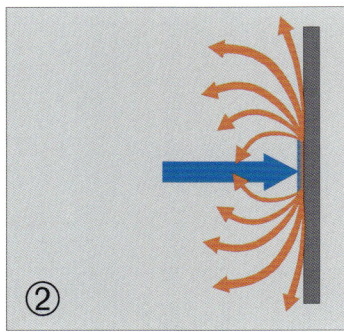 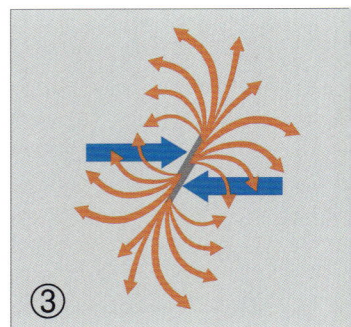

Laminare (①) und turbulente (②+③) Strömung in grafischer Darstellung

samten Riffwand erleben wir gezeitenabhängig eine gleichmäßige und laminare Wasserströmung, die sich beim Gezeitenwechsel umkehrt. Das ist nicht identisch mit der turbulenten und verwirbelungsreichen Wasserströmung, die gewöhnlich im Riffaquarium favorisiert wird. Es ist zwar eine reine Hypothese, doch es ist denkbar, dass eine gleichmäßige Laminarströmung, die natürlichen Strömungsverhältnissen im Riff entspricht, unseren zooxanthellaten Steinkorallen im Aquarium den Fang planktonischer Organismen erleichtert, und wir sollten nicht vergessen, dass Steinkorallen nach bisherigen Erkenntnissen trotz ihrer Symbiose mit Algen planktonische Zusatznahrung brauchen.

Wie lässt sich eine laminare Strömung erzeugen?

Es gibt spezielle Aquarien, in denen an einer Stirnseite das Wasser abgesaugt wird, um an der gegenüberliegenden Stirnseite möglichst turbulenzfrei wieder zugeführt zu werden. J. Charles Delbeek beschreibt in seinem oben genannten Artikel ein solches Strömungsbecken, das für die Haltung azooxanthellater Weichkorallen konstruiert wurde. Das ist zwar nicht das, was für die Aquarienhaltung von Steinkorallen empfohlen werden soll. Im Steinkorallenaquarium kann jedoch eine möglichst wenig turbulente, eher laminare Strömung erzeugt werden, die das Wasser fortwährend in eine Richtung bewegt. Nach einigen Stunden Strömungsdauer wird dann, z. B.

nach einer einstündigen Strömungspause mit minimaler Umwälzung, die Strömungsrichtung umgekehrt, so dass sie in die Gegenrichtung verläuft. Das sind die Strömungsbedingungen, denen die meisten Korallen im natürlichen Lebensraum ausgesetzt sind, und es gibt keine Hinweise darauf, dass sich diese Korallen bei extrem turbulenter Wasserbewegung, die ihre Polypen fortwährend in verschiedene Richtungen bewegt, wohler fühlen. Durch den scharfen Strahl einer kräftigen Tauchpumpe treten unter Umständen Turbulenzen auf, die das empfindliche Gewebe von Steinkorallen punktuell schwer schädigen können. Sicher, die aquaristischen Erfahrungen zeigen, dass die Tiere auch unter solchen Strömungsbedingungen existieren können, doch es stellt sich die Frage, ob sie „durch" diese turbulente Wasserbewegung gedeihen, oder „trotz" ihr.

Eine intermittierende, aber sehr gleichmäßige und laminare Wasserbewegung bewirkt zum Beispiel das oben beschriebene RCSD von Kevin Carpenter. Auch mehrere kleinere Tauchpumpen eignen sich zur Erzeugung einer Strömung, die wenig Turbulenzen entwickelt, wenn sie in die gleiche Richtung fördern. Noch besser ist dazu eine starke externe Pumpe mit groß dimensioniertem Auswurfrohr geeignet, denn hierbei tritt das Förderwasser sehr gleichmäßig aus. Wichtig dabei ist jedoch, auf der gegenüberliegenden Seite des Aquariums keine Gegenströmung zu erzeugen, weil es beim Aufeinandertreffen zweier gerichteter Strömungen zu Turbulenzen kommt. Wer also eine laminare Strömung erzeu-

Mit einem herkömmlichen Lineal lässt sich die Strömungsgeschwindigkeit des Wassers leicht ermitteln.

gen möchte, sollte die Pumpen auf beiden Stirnseiten des Aquariums installieren und die Pumpen beider Seiten im Wechsel laufen lassen oder sie so steuern, dass sie sich bestenfalls kurz überschneiden. Das ist problemlos mit einer entsprechenden Intervallsteuerung zu machen, doch es eignen sich bei zuverlässigen Tauchpumpen auch einfache Zeitschaltuhren.

Strömung: „Liter pro Stunde" oder „Zentimeter pro Sekunde"?

Welche Strömungsstärke ist nun im Riffaquarium sinnvoll? Das hängt sehr von der Größe des Aquariums ab. In sehr großen Aquarien mit viel freiem Schwimmraum reichen unter Umständen bereits sehr geringe Pumpenstärken aus, um die Strömungsbedürfnisse von Steinkorallen zu befriedigen. Das kann im Extremfall sogar schon das Zweifache des Aquarienvolumens als Umwälzung sein. In kleineren Aquarien mit sehr dichtem Steinaufbau hingegen kann ohne weiteres das Zehnfache des Volumens als Stundenumwälzung erforderlich sein, bisweilen sogar noch mehr. Weil die Ausbreitung der Wasserströmung im Aquarium sehr von Faktoren wie dem Dekorationsaufbau und auch der Wuchsform und

Größe der Steinkorallen abhängig ist, sollte man in der Aquaristik möglicherweise davon abkommen, die Wasserumwälzung in Litern pro Stunde anzugeben, denn dieser Wert besitzt zu wenig Aussagekraft. Besser ist es, die tatsächlich erzeugte Strömungsgeschwindigkeit in Zentimetern pro Sekunde zu ermitteln. Sie können diese auf einfache Weise selbst messen: Halten Sie ein langes Lineal mit einer Zentimeterskala in das Wasser, und zwar parallel zur Strömung. Dann geben Sie vor dem Lineal (pumpenseitig) kleine Futterpartikel in das Wasser, z. B. zerriebenes Flockenfutter, das in Wasser aufgeschwemmt wurde und sich in einer Injektionsspritze befindet. Nun können Sie mit einer Stoppuhr die Zeitspanne messen, die einzelne Futterpartikel benötigen, um eine bestimmte Entfernung zurückzulegen (z. B. zwei Sekunden für 30 Zentimeter). Daraus lässt sich leicht errechnen, wie viele Zentimeter pro Sekunde zurückgelegt werden (im vorliegenden Falle 15 cm/s). Im Riff messen wir im Allgemeinen Werte, die zwischen 10 cm/s (schwache Strömung) und 40 cm/s (starke Strömung) liegen. In diesem Bereich sollten wir die Wasserströmung eines Steinkorallenaquariums ansiedeln, und zwar in jedem Fall abhängig von den gepflegten Korallenarten.

Im Flachwasserbereich haben die Steinkorallen turbulente Strömung, doch weiter unten, in größerer Wassertiefe, ist die Strömung laminar und gleichmäßig.

Lebendgestein ist für die biologische Filterung im Steinkorallenaquarium die beste Lösung. Foto: D. Burghardt

Biologische Filterung im Steinkorallenaquarium

Wenn wir das Steinkorallenaquarium ganz oder teilweise mit Lebendgestein ausstatten, dann ist ein zusätzlicher Biofilter entbehrlich. Organische Überreste der Konsumenten (Tiere) werden durch bakterielle Aktivität in anorganische, also unbelebte Bestandteile zerlegt, aus denen dann später die Produzenten (Pflanzen bzw. Symbiosealgen) wieder lebende, also organische Substanz aufbauen.

Die geschilderte Zersetzung organischer Überreste geschieht im Korallenriff hauptsächlich durch Bakterien, die auf der Oberfläche und im Inneren des porösen Kalkgesteins leben. Diese Bakterien – dabei handelt es sich vor allem

um die zwei Gattungen *Nitrobacter* und *Nitrosomonas* – leben immer auf festem Untergrund, nicht im freien Wasser. Stellt man ihnen mit dem Dekorationsgestein im Aquarium ausreichend Siedlungssubstrat zur Verfügung, dann ist, wie gesagt, ein zusätzlicher biologischer Filter nicht nötig. Voraussetzung dafür ist allerdings die ausreichende Wasserströmung im Aquarium, damit die Schadstoffe auch zu den Bakterien gelangen.

Auch auf den Nitrathaushalt wirkt sich das Lebendgestein positiv aus, denn während es im äußeren Bereich jedes Dekorationssteines zur bakteriellen Nitrifikation kommt, bauen die Bakterien im inneren, anaeroben (sauerstofffreien) Teil des Lebendgesteines Nitrat ab. Dieses Gleichgewicht zwischen Nitrataufbau und -abbau ist vor allem im Steinkorallenaquarium wichtig, weil sich hier ein hoher Nitratgehalt des Aquarienwassers erheblich störender auswirkt als in einem Weichkorallen- oder gar einem reinen Fischbecken. Darum funktioniert ein Aquarium, das mit Lebendgestein ausgestattet ist, normalerweise unproblematischer als eines mit anderem Gestein, besonders, wenn es sich bei Letzterem um massives, unporöses Gestein ohne große innere Oberfläche handelt. In einem Steinkorallenaquarium ohne Lebendgestein sollte unbedingt darauf geachtet werden, dass mit einem Denitrifikationsfilter der Nitrataufbau begrenzt wird.

Mechanische Filterung im Steinkorallenaquarium

Die mechanische Filterung befreit das Wasser von organischen Schwebstoffen, bevor diese zerfallen und von Bakterien verarbeitet werden müssen. Im Steinkorallenaquarium sind jedoch organische Schwebepartikel nicht zwangsläufig unerwünscht, weil sie für die Korallen eine Nahrungsquelle darstellen. Darum ist es nicht unbedingt sinnvoll, durch kräftige mechanische Filterung das Wasser kristallklar zu halten. Eine gewisse Dichte organischer Schwebstoffe kann durchaus nützlich sein. Anders ist dies allerdings, wenn Algenprobleme auftauchen, was vor allem in relativ jungen, frisch eingerichteten Aquarien (Kieselagen, Reinwasserformen der Schmieralgen) oder in älteren Aquarien mit organisch stark belastetem Milieu (Schmutzwasserformen der Schmieralgen, Fadenalgen) der Fall ist. In solchen Becken muss natürlich mechanisch gefiltert werden, zumindest so lange, bis das Algenproblem beseitigt ist.

Gasblasenfrei filtern

Der einfachste Weg, das Aquarienwasser mechanisch zu filtern ist, eine Strömungspumpe das Wasser durch einen Filterkörper (Filterwatte, Schaumstoff) hindurch ansaugen zu lassen. Der große Vorteil dieser Methode ist die schnelle und einfache Reinigung des Filtermaterials. Das

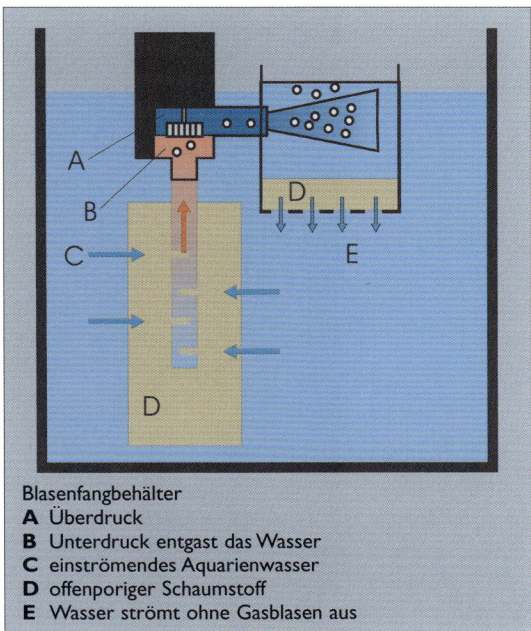

Blasenfangbehälter
A Überdruck
B Unterdruck entgast das Wasser
C einströmendes Aquarienwasser
D offenporiger Schaumstoff
E Wasser strömt ohne Gasblasen aus

ist wichtig, denn erst das Reinigen dieser Materialien entfernt den Schmutz aus dem Wasser. Solange dieser Schmutz sich im Filter befindet, belastet er das Wasser. Nachteilig ist die Entgasung des Wassers, die durch den Unterdruck zwischen dem Flusshindernis (Filterwatte) und dem Pumpenansaugbereich stattfindet und zum regelmäßigen Ausstoß einer „Gasblasenwolke" führt. Daraus entwickeln sich meist winzig kleine Gasbläschen, die kaum noch Auftrieb haben und endlos im Aquarienwasser umhertreiben, was empfindliche Steinkorallen stört. Das lässt sich verhindern, wenn eine mechanische Filterung mit atmosphärischem Druck installiert wird. Dazu kann man im Filterbecken das Wasser in einer offenen Kammer durch Filterwatte hindurch laufen lassen. Ebenso kann man mit Schwerkraft arbeiten und das Wasser vom Auslaufrohr einer Pumpe in einen becherförmigen Behälter hinein laufen lassen, der mit Filterwatte gefüllt ist und das Wasser durch einen gelochten Boden nach unten abgibt, wo es dann in eine Kammer eines Filterbeckens läuft. Doch auch das Wasser einer Filterpumpe, die sich im Aqua-

Ausschnitt aus dem Steinkorallenaquarium von Doris Burghardt Foto: D. Burghardt

rium befindet und durch die Filterpatrone hin-durch Wasser ansaugt, kann man von Gasblasen befreien, wenn man eine entsprechende Kammer nachschaltet. Dabei geht allerdings viel Strömung verloren, weil das Wasser aus dieser Kammer in Form laminarer Wasserbewegung austritt (siehe Grafik).

Aktivkohlefilterung

Die Aktivkohlefilterung soll vor allem schwer ab-baubare Farbstoffe aus dem Aquarienwasser entfernen, die bei der Arbeit der Filterbakterien als Nebenprodukt entstehen. Diese gelben Farb-stoffe sind zwar nicht ausgesprochen giftig für

Montipora sp. im Aquarium von David Saxby
Foto: J. Simmonds

die Aquarienbewohner, haben aber eine starke Lichtfilterwirkung. Bei der Kohlefilterung werden dem Wasser aber nicht nur unerwünschte Substanzen entzogen, sondern auch Nesselgifte der Korallen und wichtige Mineralien und Spurenelemente. Eine gelegentliche Filterung mit Aktivkohle kann helfen, das Wachstum der Steinkorallen zu verbessern, doch zu starke Kohlefilterung kann das Wachstum empfindlicher Korallen bremsen, bisweilen sogar zur Degeneration führen. Wichtig ist also, die verwendete Kohlemenge der Wassermenge anzupassen (siehe unten). Außerdem sollte man gute Aktivkohlen renommierter Hersteller verwenden, die kein Phosphat an das Wasser abgeben. Allerdings ist eine Filterung mit Aktivkohle für Steinkorallen durchaus nicht unverzichtbar, wie das Schlammfilteraquarium von LENG SY zeigt. DR. FRANCESCA GEERTSMA und MIKE PALETTA, die in ihren Aquarien unter anderem auch Steinkorallen pflegten, berichteten über ihre Erfahrungen mit diesem System, in dem nicht mit Aktivkohle gefiltert wird,

in der Zeitschrift KORALLE (GEERTSMA 2001, PALETTA 2001).

Setzt man im Aquarium dauernd Aktivkohle ein, dann sollte die Menge erheblich geringer sein als bei einer sporadischen Kohlefilterung für ein oder zwei Wochen. Für den dauernden Aktivkohleeinsatz reichen etwa 10 bis 20 Gramm je 100 Liter Aquarienwasser, die einmal im Monat gewechselt werden sollten. Für den kurzzeitigen Einsatz kann man im Riffaquarium bis zu 50 Gramm je 100 Liter verwenden. In beiden Fällen muss jedoch sichergestellt sein, dass verloren gegangene Elemente mit einer guten Spurenelementlösung ersetzt werden.

Die technisch einfachste Methode ist es, die Kohle in einem Netzbeutel in das Wasser zu legen, zum Beispiel in das Filterbecken. Weitaus effektiver ist es allerdings, die Kohle im Ansaugkäfig einer Strömungspumpe, in einer Durchflusskammer eines Filterbeckens oder in einem Topfaußenfilter einzusetzen.

Abschäumung im Steinkorallenaquarium

Die Abschäumung ist ein physikalisches Verfahren zur Wasserreinigung, das dem Aquarienwasser fortwährend Schadstoffe entzieht. Zugleich sorgt die Abschäumung für den nötigen Gasaustausch; übermäßig vorhandene, schädliche Gase werden ausgetrieben und Sauerstoff wird dem Wasser zugeführt. Der Fachhandel hält Innenabschäumer und Außenabschäumer für alle Aquariengrößen bereit, die nach unterschiedlichen Verfahren arbeiten, und da die ersten Aquarien mit erfolgreichem Steinkorallenwuchs nach dem „Berlin-System" mit kräftiger Abschäumung betrieben wurden, wird allgemein angenommen, dass die Steinkorallenhaltung immer eine gute Abschäumung erfordere. Dass eine Abschäumung die Möglichkeiten zur Haltung von Steinkorallenhaltung verbessert, ist sicher unbestritten. Dass sie für Steinkorallen zwingend notwendig sei, kann allerdings seit der Entwicklung des Schlammfilteraquariums nicht mehr behauptet werden, denn die oben erwähnten Autoren berichten Gegenteiliges. Allerdings sind die Erfahrungen mit dem Schlammfilter-aquarium noch sehr jung, und die langfristige Entwicklung dieser Aquariensysteme muss, besonders in Bezug auf Steinkorallen, noch beobachtet werden. Da ein Abschäumer aber die Phosphat- und Nitratentstehung begrenzen kann, ist es grundsätzlich sehr sinnvoll, ein Steinkorallenaquarium damit auszustatten.

Was ist Zeolith?

Zeolithe sind kristalline, wasserhaltige Alkali- bzw. Erdalkali-Aluminiumsilikate, die in Hohlräumen von alkalischem Vulkangestein gefunden werden, insbesondere von Basalt. Der schwedische Naturforscher und Mineraloge Baron Axel F. Cronstedt entdeckte diesen Stoff im 18. Jahrhundert und beschrieb ihn als eigene Mineralklasse. Baron Cronstedt beobachtete, dass dieses Material beim Erhitzen zu brodeln begann. Darum nannte er es „Siedestein" (zeo = sieden und lithos = Stein).

Heute weiß man, dass Zeolithe vor allem aus Silizium, Sauerstoff und anderen Elementen wie Natrium und Calcium bestehen, die als Kationen locker in ein Strukturgerüst eingebunden sind und zum Teil gegen andere Kationen ausgetauscht werden. Dadurch verhalten sich Zeolithe wie Ionenaustauscher. Im Aquarium einge-

setzt entzieht Zeolith dem Wasser überflüssige Nährstoffe in Form von Ammonium (NH_4). Abhängig von ihrer eigenen Zusammensetzung beeinflussen Zeolithe den Härtegrad des Wassers durch Ionentausch von Natrium-, Magnesium-, Kalzium-Ionen, absorbieren z. B. Chlor, Cäsium, Schwermetalle und Strontium und übernehmen eine wichtige Pufferwirkung, um einem bestimmten pH-Wert zu stabilisieren.

In der Riffaquaristik ist der Einsatz des Materials Zeolith noch relativ neu, so dass die Grenzen seines Potenzials derzeit noch nicht klar zu erkennen sind. Es scheint aber, als könne die Zeolith-Filterung sehr effektiv Nährstoffe aus dem Aquarienwasser entfernen und dadurch die Bedingungen für Steinkorallen erheblich verbessern. Wichtig ist allerdings, ein Zeolith der richtigen Zusammensetzung zu verwenden, weil nicht jede Wirkung dieses Materials im Riffaquarium erwünscht und nützlich ist.

Mengenelemente

Karbonathärte

Für unsere Steinkorallen sind nicht nur Calcium-Ionen wichtig, sondern auch Hydrogencarbonat-Ionen. Sie sind nicht nur für die Säurebindung nötig, sondern auch für die Kalksysthese der Korallen. Ihre Menge wird in Form der Karbonathärte gemessen, angegeben in Grad dH (Grad deutscher Härte). Diese Messung ist sehr einfach und wird mit handelsüblichen Tropflösungen durchgeführt.

Die Karbonathärte des natürlichen Meerwassers liegt etwa bei 7 °dH. Im Aquarium sollten wir Werte zwischen 7 und 12 °dH messen. Höhere Werte sind nicht sehr sinnvoll, weil dabei die Calciumionen-Konzentration zum Sinken tendiert. Bei Karbonathärtewerten unterhalb von 2 - 4 °dH besteht außerdem die Gefahr eines plötzlichen pH-Abfalles.

Ins Aquarium gelangen die Karbonate auf unterschiedlichem Wege. In der Meersalzmischung sind sie reichlich enthalten, im Leitungswasser meist auch. Wenn Sie also Leitungswasser mit

Ausreichende Versorgung mit Calcium und Karbonaten ist für gutes Steinkorallenwachstum unerlässlich. Foto: D. Burghardt

einer hohen Karbonathärte und einem niedrigen Phosphat- und Nitratgehalt haben, so dass Sie es ohne Umkehrosmose einsetzen können, um das verdunstete Aquarienwasser zu ersetzen, dann werden Sie bei einem gemischten Aquarienbesatz mit Weichkorallen und einigen Steinkorallen sehr wahrscheinlich auch ohne gesonderte Karbonatzufuhr immer eine ausreichende Karbonathärte im Aquarium haben. Wenn Sie jedoch gezielt Steinkorallen pflegen möchten, kommen Sie um die regelmäßige Stützung der Karbonathärte nicht herum. Zum Anheben der Karbonathärte eignen sich mehrere Methoden:

Karbonathärtepuffer

Viele Hersteller bieten puffernde Produkte an, die einfach im Aquarienwasser gelöst werden und die Karbonathärte erhöhen.

Vorteil: schnelle und einfache Erhöhung der Karbonathärte

Nachteil: Man benötigt relativ große Mengen, um eine hohe Karbonathärte im Aquarium aufrecht zu erhalten.

Kalkreaktor

Der Kalkreaktor versorgt das Aquarium auf sehr bequeme Weise mit der nötigen Karbonathärte.

Vorteile und Nachteile: Siehe nachfolgende Beschreibung des Kalkreaktors.

Karbonat- (und Calcium-)Zufuhr nach Balling

Die „Balling-Methode" versorgt das Aquarium neben Calciumionen mit der nötigen Karbonathärte

Schnellwüchsige SPS-Korallen reagieren auf einen Mangel an Calcium- oder Magnesium-Ionen besonders empfindlich.
Foto: D. Burghardt

Vorteile und Nachteile: Siehe nachfolgende Beschreibung der Methode.

Der Calciumgehalt

Das Calcium ist im Steinkorallenaquarium eines der wichtigsten Elemente. Darum waren langfristig erfolgreiche Aquarienhaltung und kräftiges Wachstum von Steinkorallen erst möglich, nachdem man effektive Methoden zur Calciumzufuhr entwickelt hatte. Das Calcium gelangt auf unterschiedlichem Wege in das Aquarium: In der Meersalzmischung ist es enthalten, im Leitungswasser meist auch. Wer also kalkreiches Leitungswasser hat und dieses Wasser ungereinigt verwenden kann, um das verdunstete Aquarienwasser zu ersetzen, der wird immer eine Art Minimalzufuhr an Calciumionen haben, und wenn

er zusätzlich noch regelmäßig große Teilwasserwechsel durchführt, dann könnte er bei mäßigem Steinkorallenbesatz auch durchaus auf eine weitere Calciumzufuhr verzichten, wenn der gemessene Wert 350 mg/l nicht unterschreitet. Pflegt man aber viele Steinkorallen, dann wird man auch bei dem Einsatz von ungereinigtem Leitungswasser nicht an der zusätzlichen Calciumzufuhr vorbei kommen. Entscheidend ist der regelmäßige Test, zum Beispiel einmal im Monat, bei dem ein Wert zwischen 350 und 450 mg/l gemessen werden sollte. Zum Anheben des Calciumgehaltes eignen sich mehrere Methoden:

Die „Balling-Methode"

Bei der Kalkzufuhrmethode nach HANS-WERNER BALLING werden eine Calciumchlorid-Lösung und

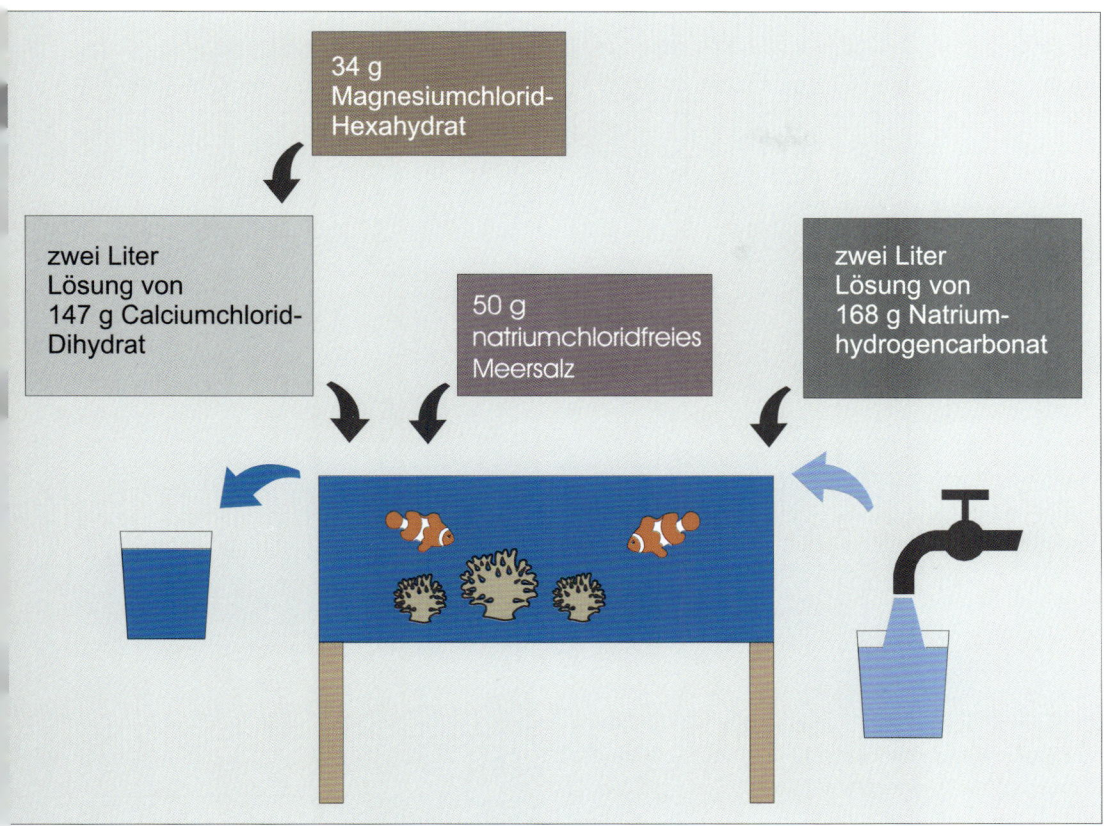

Die Calcium- und Karbonatzufuhr nach Balling in grafischer Darstellung

eine Natriumhydrogencarbonat-Lösung getrennt voneinander angesetzt (BALLING 1994, 1995, 1996a + b, 2002 a). Zusätzlich wird eine kochsalzfreie Meersalzlösung hergestellt, die neben Magnesium auch einige Spurenelemente enthalten kann. In dem gleichen Verhältnis, in dem unsere Steinkorallen dem Aquarienwasser mineralische Elemente entziehen, um sie in das Skelett einzulagern, werden nun diese drei mineralischen Lösungen zugeführt. Auf diese Weise werden die Steinkorallen mit Calcium-Ionen, Hydrogencarbonat-Ionen und weiteren mineralischen Elementen versorgt. Da alle drei Lösungen in einem definierten Verhältnis zueinander stehen, erfolgt die Kontrolle der Calcium-Zufuhr und der Zufuhr weiterer mineralischer Elemente über die Karbonathärte.

H.-W. BALLING löst 147 Gramm Calciumchlorid-Dihydrat und 168 Gramm Natriumhydrogencarbonat jeweils in 2.000 ml destilliertem Wasser. Von beiden Lösungen dosiert er in kleineren Aquarien anfangs ca. 70 ml täglich. Diese Menge kann allmählich gesteigert werden, allerdings unter Kontrolle von Calciumgehalt und Karbonathärte des Aquarienwassers. Aus den 147 Gramm Calciumchlorid-Dihydrat und den 168 Gramm Natriumhydrogencarbonat entstehen 100 Gramm Calciumcarbonat, 44 Gramm Kohlendioxid, 117 Gramm Natriumchlorid und 54 Gramm Wasser: $Ca^{2+} + 2\ HCO_3^- \leftrightarrow CaCO_3 + CO_2 + H_2O$.

Von den beiden zugeführten Salzen Calciumchlorid und Natriumhydrogencarbonat bleiben im Aquarium die Chlorid- und Natriumionen übrig. Natriumchlorid ist jedoch nichts anderes als Kochsalz, der wichtigste Bestandteil einer Meersalzmischung (70 %). Um nun eine Kochsalzanreicherung des Aquarienwassers zu verhindern, fügt man eine entsprechende Menge kochsalzfreies Meersalz hinzu. Am besten verbindet man dies mit dem regelmäßigen Teilwasserwechsel und gibt anstatt der herkömmlichen Meersalzmischung die entsprechende Menge einer natriumchloridfreien Meersalzmischung.

Vorteil: Keine technische Ausstattung nötig, Calcium- und Hydrogencarbonat-Ionen werden in einem ausbalancierten Verhältnis zugeführt

Nachteil: Tägliches Nachdosieren

Kalkreaktor

Der Kalkreaktor ist ein Gerät, dessen Konstruktion auf ROLF HEBBINGHAUS zurückgeht. Es ist dazu in der Lage, Kalkgranulat aufzulösen und dadurch das Wasser mit Calcium-Ionen und mit Hydrogencarbonat-Ionen anzureichern. Dadurch steigt nicht nur der Kalkgehalt, sondern auch die Karbonathärte, denn beide Substanzen gelangen in einem ausbalancierten Verhältnis in das Aquarienwasser. Dies geschieht, indem mit Hilfe von CO_2 das Aquarienwasser im Inneren des Reaktorbehälters so stark angesäuert wird, dass sich das darin befindliche Kalkgranulat löst.

Abhängig von der jeweiligen Konstruktion kann bei einem Kalkreaktor CO_2 ins Aquarienwasser gelangen und ein dort vorhandenes Fadenalgenwachstum verstärken, vor allem, wenn das Aquarienwasser viel Phosphat enthält. Das kann vermieden werden, wenn das Auslaufwasser des Kalkreaktors von freiem CO_2 befreit wird (z. B. über Kalkgranulat laufen lassen oder in Algenbecken zuführen). Der CO_2-Übertrag ist abhängig von der Durchflussrate, also dem Wasseraustausch zwischen Aquarium und Kalkreaktor, der darum sehr gering sein sollte (systemabhängig, in der Regel ca. 1 - 2 l/h).

Die Effektivität eines Kalkreaktors können Sie testen, indem Sie die Karbonathärte im Auslaufwasser messen. Durch das ausbalancierte Verhältnis zwischen Calcium-Ionen und Hydrogencarbonat-Ionen prüfen Sie damit indirekt auch die Calciumzufuhr. Den „echten" Gewinn an Karbonathärte stellen Sie allerdings erst fest, wenn Sie die Werte der Karbonathärte Ihres Aquarienwassers von jenen des Kalkreaktor-Auslaufwassers abziehen. Karbonathärte-Werte oberhalb von 16 °dKH sollten im Reaktor-Auslaufwasser allerdings vermieden werden, denn „Rekordversuche" mit Karbonathärten von 20 oder gar 30 °dKH können dazu führen, dass ein Teil der gelösten Hydrogenkarbonate beim Vermischen mit dem Aquarienwasser wieder ausgefällt wird.

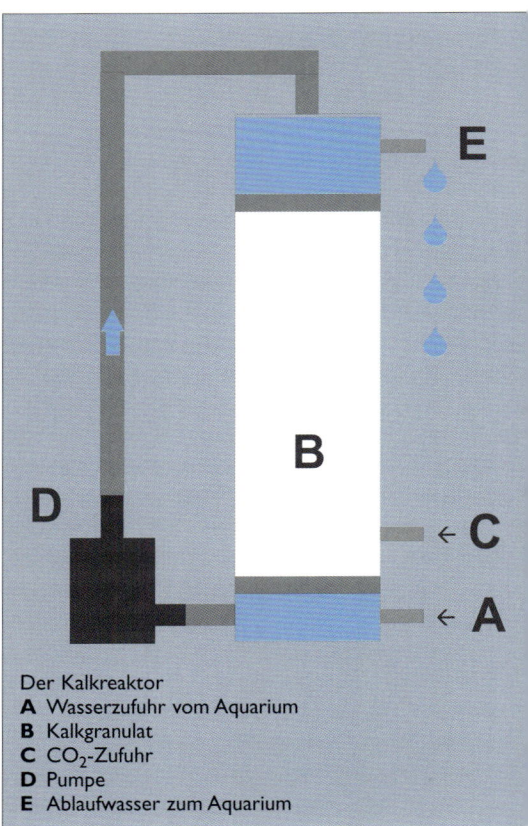

Der Kalkreaktor
A Wasserzufuhr vom Aquarium
B Kalkgranulat
C CO_2-Zufuhr
D Pumpe
E Ablaufwasser zum Aquarium

Vorteil: Der Kalkreaktor ist wartungsarm; die Versorgung des Aquariums mit Calcium und Karbonaten wird monatelang „automatisch" durch-

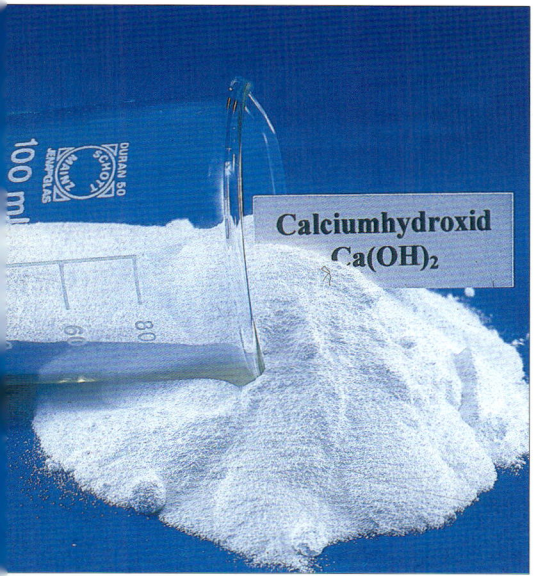

Mit Calciumhydroxid kann Kalkwasser leicht hergestellt werden.

Der Kalkschlamm wird später weggegossen.

geführt. Enthält das Granulat auch weitere chemische Elemente, dann kann das Aquarienwasser durch den Kalkreaktor in geringem Umfang auch mit Spurenelementen versorgt werden. Ein weiterer Vorteil ist die ausbalancierte Zufuhr von Calcium und Karbonaten.

Nachteil: CO_2-Übertrag ins Aquarienwasser (abhängig von der Konstruktion), hohe Anschaffungskosten, keine Phosphatausfällung

Kalkwasser

Seit vielen Jahren setzt man im Riffaquarium das so genannte Kalkwasser ein, eine wässrige Lösung mit Calcium-Ionen und Hydroxid-Ionen, die PETER WILKENS 1971 in die Meerwasseraquaristik einführte. Mit ihrem pH-Wert von 12,4 ist sie stark alkalisch und kann organische Säuren neutralisieren, was die Pufferkapazität des Aquarienwassers erhöht. Zudem werden Calcium-Ionen zugeführt, die von Korallen und Algen zur Bildung des Kalkskeletts benötigt werden. Kalkwasser kann mit Calciumhydroxid leicht selbst hergestellt werden. Hierzu wird ein dicht ver-

schließbarer Kunststoffkanister (ideal sind Camping-Trinkwasserkanister) mit einem Fassungsvermögen von 10 bis 20 Litern mit Wasser gefüllt. In dieses Wasser geben wir 100 bis 200 Gramm Calciumhydroxid. Der Kanister wird dicht verschlossen und geschüttelt. Dann lassen wir die milchige Flüssigkeit einige Stunden – besser noch über Nacht – stehen, damit sich das Pulver am Boden des Kanisters absetzen kann. Die darüber stehende klare Lösung ist unser Kalkwasser. Mit diesem Kalkwasser ersetzen viele Aquarianer das verdunstete Aquarienwasser.

Das klare Kalkwasser entnehmen wir dem Kanister vorsichtig mit einem dünnen Schlauch, um den Bodensatz nicht aufzuwirbeln. Dieser Bodensatz darf nicht in das Aquarium gelangen. Das fertige Kalkwasser wird tropfenweise in das Aquarium gegeben, möglichst in der Nähe einer Strömungspumpe. Damit der pH-Wert des Aquarienwassers nicht zu stark angehoben wird, muss diese Zugabe langsam durchgeführt werden, keinesfalls in direkter Nähe einer Koralle. Auch sollten wir bei der ersten Kalkwassergabe den pH-Wert des Aquariums zwischendurch mehrmals messen, damit dieser nicht zu hoch

steigt. In dem Moment, wo er erkennbar ansteigt, haben wir das Kalkwassermaximum für
die einmalige Gabe bereits überschritten.

DR. CRAIG BINGMAN (pers. Hinw.) rät dazu, das
Kalkwasser tropfenweise direkt in den Abschäumer zu leiten, weil dort feinste Sedimente mitsamt angelagertem Phosphat direkt abge-
schäumt und in den Schaumtopf befördert werden. Dies lässt sich nach DR. BINGMAN sogar noch
steigern, wenn man nicht das ganz klare Kalkwasser verwendet, sondern das leicht getrübte, so
genannte „milchige Kalkwasser", das noch viele
Feinsedimente enthält, weil nur die groben Cal-
ciumhydroxid-Bestandteile zum Kanisterboden
gesunken sind. Allerdings sollte dieses „milchige
Kalkwasser" nur in den Abschäumer geleitet werden und niemals direkt in das Aquarium, weil
sonst die Sedimente mitsamt der Phosphatanla-
gerungen im Bodengrund verschwinden können.
Zwar ist dieses ausgefällte Phosphat relativ
harmlos, doch die Erfahrung hat gezeigt, dass
verschiedene Algen dazu in der Lage sind, es in
eine für sie verwertbare Form zu überführen, so
dass es für sie ein gutes Nährstoffdepot darstellen würde. Zur Direktzufuhr im Aquarium oder
Filterbecken darf daher, wie mehrfach betont, immer nur das klare Kalkwasser verwendet werden.

Das Calciumhydroxid-Pulver im Kanister
kann mehrmals verwendet werden. An der weißlichen Trübung, die das klare Kalkwasser beim
Kontakt mit dem Aquarienwasser entwickelt, erkennen wir, dass seine Sättigung mit Calcium
ausreichend hoch war. Fehlt diese Trübung nach
mehrfachem Benutzen des Materials, dann ist
der Schlamm ausgezehrt und wird durch neues
Calciumhydroxid-Pulver ersetzt.

Vorteil: effektive Calciumgabe, Phosphatausfällung

Nachteil: pH-Steigerung bei zu schneller Gabe,
Beschränkung auf die Menge des verdunsteten
Wassers, keine „echte" Anhebung der Karbonat-
härte (wenngleich Hydroxid-Ionen von manchen
Karbonathärte-Testlösungen als Karbonate mit-
gemessen werden)

Der Kalkwasser-Mischer

Wer die Mühe der täglichen Kalkwasserzuberei-
tung scheut, kann sie auch automatisieren. Das
am meisten verbreitete Gerät ist ein Kalkwasser-Mischer, der aus einem Zylinder und einem
magnetbetriebenen Laborquirl besteht. Der Zylinder wird einfach in die Süßwasser-Nachfüll-
leitung zwischengeschaltet, so dass das Nachfüllwasser hindurch läuft. Die Speiseleitung
kann also vom Vorratsbecken der Nachfüllanla-
ge oder von der Umkehrosmoseanlage kommen.
Der Mischerzylinder wird mit Calciumhydroxid-
pulver bestückt und mit dem Wasser gefüllt. In
regelmäßigen Abständen bringt der Laborquirl
den Kalkschlamm in Bewegung und rührt ihn
auf. Ein Schwimmerschalter fordert bei Bedarf
Nachfüllwasser an, das dem Zylinder entnom-
men und durch Süßwasser ersetzt wird. Die Cal-
ciumhydroxid-Füllung muss regelmäßig ersetzt
werden.

Das Kalkwasser-Mischrohr

Das Kalkwasser-Mischrohr wurde in KORALLE 3
vorgestellt und besitzt ein Calciumhydroxid-Depotrohr sowie einen Sedimentierbecher. Es befindet sich direkt im Aquarium oder in einer Filterkammer bzw. im Filterbecken. Gespeist wird
es mit dem Wasser einer Umkehr-Osmoseanlage,
das an der Unterseite zugeführt wird. Langsam
tritt dieses Wasser durch das Calciumhydroxid-
Depot hindurch und steigt nach oben, transportiert vom Druck des nachfließenden Wassers
aus der Umkehrosmoseanlage. Oberhalb des
Calciumhydroxid-Depots befindet sich das Wasser in der Sedimentierkammer, wo sich auch auf-
gewirbelte Sedimente absetzen, so dass eine klare Kalkwasserlösung entsteht. Der Deckel ver-
hindert den Kontakt des Kalkwassers mit der
Außenluft (CO_2), und durch das Ablaufrohr
tropft das Kalkwasser schließlich in das Aquarium. Einmal täglich sollten Sie das Calciumhydro-
xidpulver im Depotrohr mit einem Stäbchen
leicht durchrühren und alle paar Tage die Fül-
lung ersetzen.

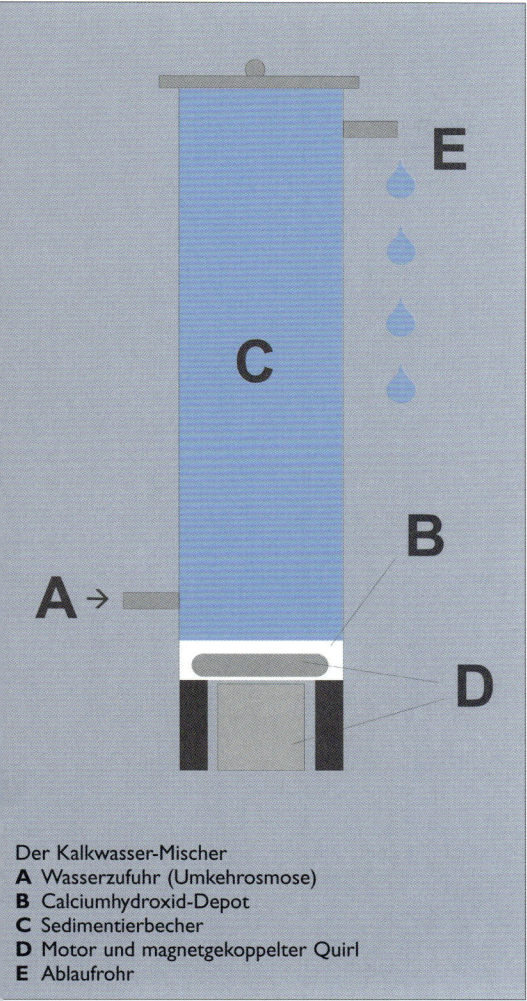

Der Kalkwasser-Mischer
A Wasserzufuhr (Umkehrosmose)
B Calciumhydroxid-Depot
C Sedimentierbecher
D Motor und magnetgekoppelter Quirl
E Ablaufrohr

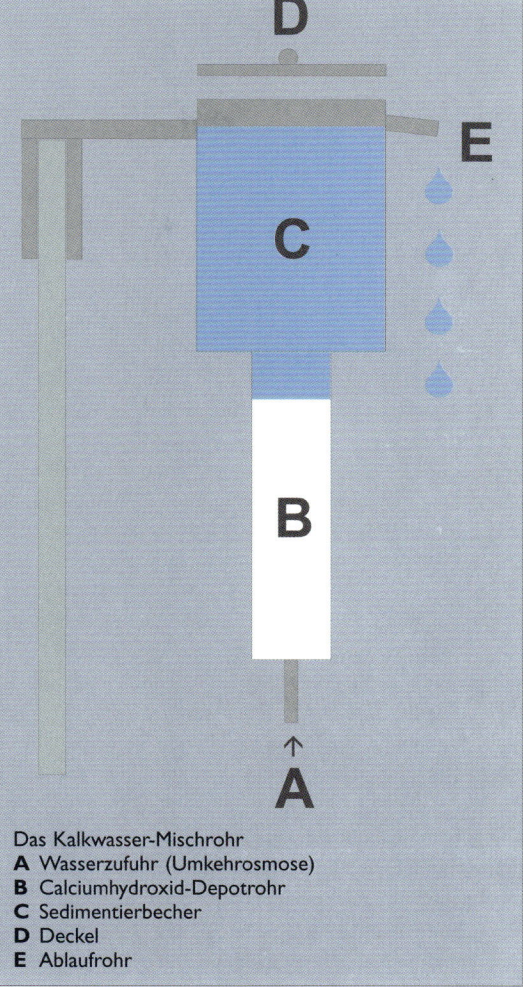

Das Kalkwasser-Mischrohr
A Wasserzufuhr (Umkehrosmose)
B Calciumhydroxid-Depotrohr
C Sedimentierbecher
D Deckel
E Ablaufrohr

Kalkwasser-Mischer oder Mischrohr automatisch betreiben

Wenn Sie einen Kalkwasser-Mischer oder ein Kalkwasser-Mischrohr mit einer Umkehr-Osmoseanlage automatisch betreiben möchten, können Sie folgendermaßen vorgehen: Die Umkehr-Osmoseanlage wird über einen Schwimmschalter im Aquarium (C) und ein dazugehöriges Magnetventil (D) gesichert, um ein Überfüllen des Aquariums zu verhindern. Dann sichern Sie die Wasserzufuhr mit einem pH-Regelgerät und einem dazugehörigen weiteren Magnetventil (G) ab, damit ein von Ihnen vorgewählter maximaler pH-Wert nicht überschritten werden kann. Nur wenn beide Magnetventile geöffnet sind, kann Kalkwasser in das Aquarium gelangen. Wichtig ist dabei jedoch, dass Sie beide Magnetventile zwischen der Wasserleitung und der Umkehrosmoseanlage installieren, damit die Membran des Gerätes bei geschlossenen Magnetventilen nicht dem Leitungswasserdruck ausgesetzt ist, denn das würde sie relativ schnell zerstören. Eine Zeitschaltuhr am Schwimmschalter-Magnetventil er-

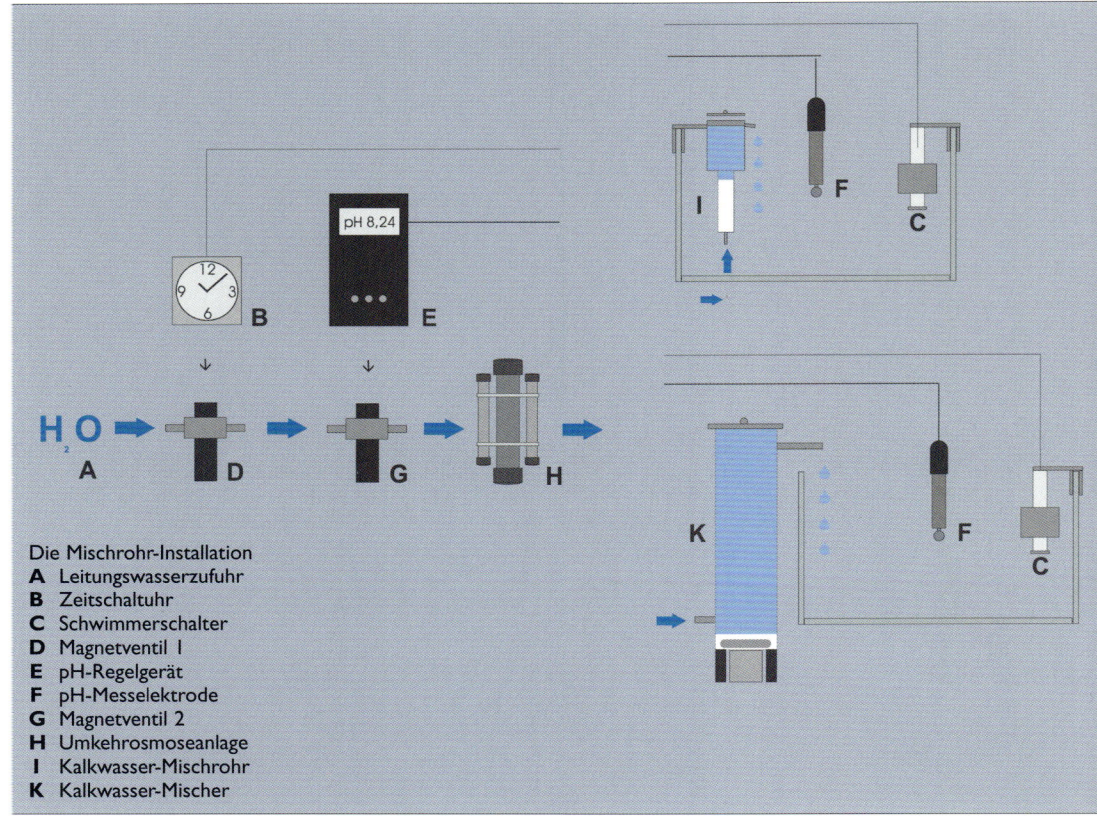

pH 8,24

H₂O

B
A **D** **E** **G** **H**
I **F** **C**
K **F** **C**

Die Mischrohr-Installation
A Leitungswasserzufuhr
B Zeitschaltuhr
C Schwimmerschalter
D Magnetventil 1
E pH-Regelgerät
F pH-Messelektrode
G Magnetventil 2
H Umkehrosmoseanlage
I Kalkwasser-Mischrohr
K Kalkwasser-Mischer

möglicht Ihnen, die Tageszeit der Kalkwassergabe festzulegen. Besonders vorteilhaft ist die Zufuhr in den frühen Morgenstunden, weil dann der pH-Wert des Aquarienwassers am tiefsten ist.

Magnesiumzufuhr

Magnesium ist eines der wichtigsten Mengenelemente im Meerwasser. Magnesium gelangt mit unbehandeltem Leitungswasser in das Aquarium, mit dem Meersalz (Teilwasserwechsel), kann aber auch separat mit einem entsprechenden Konzentrat zugeführt werden. Dabei sollte allerdings regelmäßig der Magnesiumgehalt des Aquarienwassers gemessen werden.

H.-W. BALLING kombiniert die Magnesiumgabe mit der Calcium- und Karbonatzufuhr (siehe dort), indem er der Lösung von 147 Gramm Cal-

ciumchlorid-Dihydrat 34 Gramm Magnesiumchlorid-Hexahydrat hinzumischt. Dieses Verhältnis kann im Laufe der Zeit variiert werden (H.-W. BALLING, pers. Hinw.), bis im Aquarienwasser folgende Werte zu messen sind: Calciumgehalt 420 mg/l, Magnesiumgehalt 1.300 mg/l, Karbonathärte 7° dKH.

Spurenelemente

Eine der wichtigsten Voraussetzungen für das Gedeihen von Korallen im Aquarium ist die Versorgung mit Spurenelementen. Sie gelangen mit der Meersalzmischung in das Wasser und gehen auf unterschiedlichsten Wegen verloren. Dazu gehören Abschäumung und Aktivkohle, die viele dieser mineralischen Substanzen aus dem Wasserkreislauf entfernen, aber auch der natürliche

Der gesamte ältere Skelettanteil dieser aquariengewachsenen *Montipora* sp. ist abgestorben und veralgt, die Wachstumszonen sind an manchen Stellen zwar noch vital, zeigen aber kaum Wachstum: Ein typisches Bild für ein Aquarium, das im Laufe der Zeit an Spurenelementen verarmt ist. Im vorliegenden Fall fehlte Magnesium.

Verbrauch durch das Wachstum von Korallen und Algen. Verwendet man zum Ersetzen des verdunsteten Wassers Leitungswasser, das nicht durch Umkehrosmose oder Vollentsalzung gereinigt wurde, dann gelangen viele Elemente wieder in das Aquarium, z. B. Mengenelemente wie Karbonate, Calcium und Magnesium sowie einige Spurenelemente. Auch durch den regelmäßigen Teilwasserwechsel wird ein gewisser Anteil der verbrauchten Spurenelemente ersetzt. Ob dies ausreicht, die Verluste auszugleichen, das hängt ganz wesentlich vom Verbrauch ab, also dem Wachstum der Korallen und der technischen Wasseraufbereitung. Bei starkem Wachstum von Steinkorallen wird es ohne gezielte Zufuhr von Spurenelementen mit Hilfe entsprechender Konzentrate aber in den meisten Fällen Defizite geben, die zu Wachstumsstörungen der Korallen führen.

Die einfachste Möglichkeit der Spurenelementzufuhr ist der Einsatz einer Kombinationslösung, die von zahlreichen Herstellern angeboten wird. Hier ist es ratsam, die Produkte mehrerer renommierter Hersteller nacheinander anzuwenden und ihre Wirkung auf das Wachstum der Korallen miteinander zu vergleichen.

Lösung 1:
35,57 g
$BaCl_2$ x 2 H_2O je Liter

Lösung 2:
243,45 g
$SrCl_2$ x 6 H_2O je Liter

Lösung 3:
4 g
$CoCl_2$ x 6 H_2O je Liter

Lösung 4:
18,46 g $MnSO_4$ x H_2O
+ 9,82 g $CuSO_4$ x 5 H_2O
+ 8,8 g $ZnSO_4$ x 7 H_2O
+ 8,9 g $NiSO_4$ x 6 H_2O
+ 32,45 g $CrCl_2$ x 6 H_2O
je Liter

Lösung 5:
4 g
$FeSO_4$ x 7 H_2O je Liter

Lösung 6:
2,5 g Kaliumjodid
+13,3 g Natriumfluorid
je Liter

Die Spurenelementzufuhr nach Balling besteht aus sechs Einzellösungen

Spurenelementgabe nach Balling

Eine recht aufwändige Methode, die sich aber bei vielen Aquarianern in der Steinkorallenhaltung hervorragend bewährt hat, ist die Spurenelementgabe nach BALLING (1995, 1996 a + b, 2002b), die auch mit der „Balling-Methode" zur Calcium- und Karbonatzufuhr kombiniert werden kann. Sie besteht aus täglichen Dosierungen, die viele Aquarianer mit Hilfe einer Dosierpumpe sogar permanent durchführen.

Dabei werden sechs separate Einzellösungen von Spurenelementen angesetzt, um Reaktionen zwischen den einzelnen Elementen zu verhindern. Fünf dieser sechs Stammlösungen können zu zwei Mischlösungen zusammengefügt werden, so dass nunmehr drei Lösungen dem Aquarienwasser zugeführt werden. Stattdessen kann man diese Spurenelementzufuhr auch mit der Calcium- und Karbonatzufuhr nach Balling (siehe dort) kombinieren und die drei Lösungen der Calciumchlorid- und Natriumhydrogencarbonat-Lösung hinzufügen. Damit wären für die gesamte Mineralienzufuhr mit Mengen- und Spurenelementen nur zwei Lösungen (plus NaCl-freies Meersalz) anzuwenden.

Lösung 1 enthält 35,57 g Bariumchlorid-Dihydrat, $BaCl_2$ x 2 H_2O je Liter.

Lösung 2 enthält 243,45 g Strontiumchlorid-Hexahydrat, $SrCl_2$ x 6 H_2O und 10 ml Lösung 1 je Liter.

Lösung 3 enthält 4 g Kobaltchlorid-Hexahydrat, $CoCl_2$ x 6 H_2O je Liter.

Lösung 4 enthält 18,46 g Mangansulfat-Hydrat, $MnSO_4$ x H_2O + 9,82 g Kupfersulfat-Pentahydrat, $CuSO_4$ x 5 H_2O + 8,8 g Zinksulfat-Heptahydrat, $ZnSO_4$ x 7 H_2O + 8,9 g Nickelsulfat-Hexahydrat, $NiSO_4$ x 6 H_2O + 32,45 g Chrom(III)chlorid-Hexahydrat, $CrCl_2$ x 6 H_2O + 10 ml Lösung 3 je Liter.

Lösung 5 enthält 4 g Eisen(II)sulfat-Heptahydrat, $FeSO_4$ x 7 H_2O und 10 ml Lösung 4 je Liter.

Lösung 6 enthält neben 2,5 g Kaliumjodid noch 13,3 g Natriumfluorid.

Bei der Kombination der Spurenelementzufuhr mit der Calcium- und Karbonatzufuhr nach Balling (siehe dort) werden von Lösung 2 und Lösung 5 jeweils 10 ml den zwei Litern Lösung von 147 g Calciumchlorid-Dihydrat und 34 g Magnesiumchlorid-Hexahydrat zugegeben, und von Lösung 6 werden 10 ml zu den zwei Litern Lösung von 168 g Natriumhydrogencarbonat gegeben.

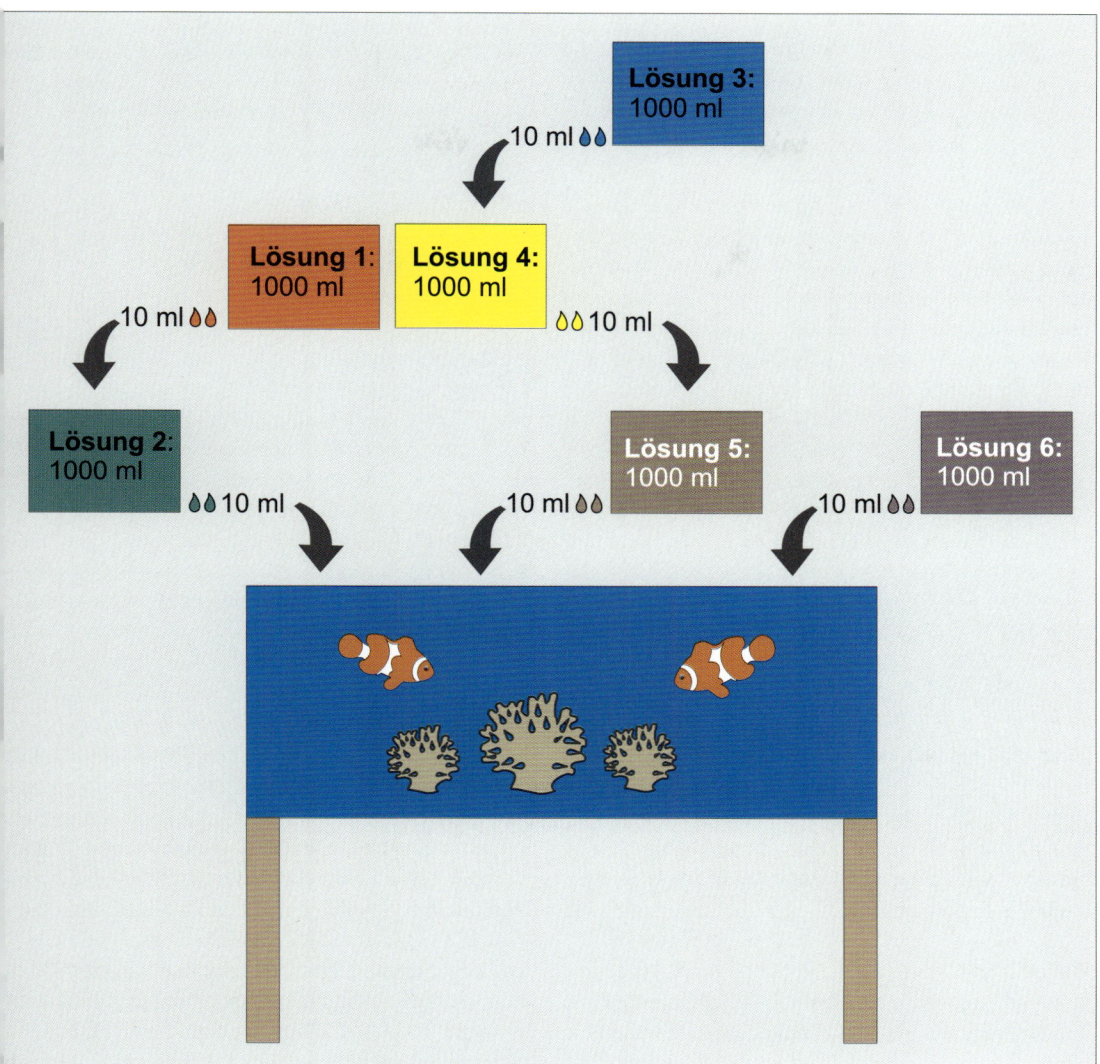

Lösung 3:
1000 ml

10 ml

Lösung 1:
1000 ml

Lösung 4:
1000 ml

10 ml

10 ml

Lösung 2:
1000 ml

Lösung 5:
1000 ml

Lösung 6:
1000 ml

10 ml

10 ml

10 ml

Die Anwendung der Einzellösungen bei der Spurenelementzufuhr nach Balling

Der Nitratgehalt

Nitrat ist ein Zwischenprodukt des Stickstoff-kreislaufes, das in der Natur von Bakterien pro-duziert und von anderen Bakterien sehr schnell in andere Substanzen weiterverwandelt wird. Im Aquarium entwickeln sich die bakteriellen Vorgänge, die zum Nitrataufbau führen, meist erheblich leichter und schneller, als jene, die zur Weiterverarbeitung des Nitrates und damit zum Nitratabbau führen. Die Folge ist ein steigender Nitratgehalt des Aquarienwassers. Die meisten Nitrate im Aquarium stammen aus dem Zerfall organischer Substanzen, etwa Fischfutter. Aber auch mit dem Leitungswasser können Nitrate in das Aquarium gelangen. Wird nitratreiches Leitungswasser verwendet, um das verdunstete Aquarienwasser zu ersetzen, dann steigt der Nitratgehalt des Aquarienwassers recht schnell an.

In einem reinen Fischaquarium ist ein hoher Nitratgehalt relativ ungefährlich, und in geringer Menge ist Nitrat sogar lebenswichtig für alle Pflanzen und die Symbiosealgen der Korallen. Doch extrem hohe Nitratkonzentrationen, etwa 1.000 mg/l oder mehr, hemmen die Gewebebildung vieler Organismen – Korallen degenerieren unter diesen Bedingungen. Werden unempfindliche Wirbellose wie Lederkorallen gepflegt, dann ist auch ein Nitratgehalt zwischen 100 und 200 mg/l nicht problematisch, sofern es nicht zu Algenplagen kommt. Steinkorallen stellen aber schon bei erheblich niedrigeren Nitratwerten das Wachstum ein. Vor allem bei empfindlichen Steinkorallen sollte man versuchen, den Nitratgehalt bei Werten um 5 mg/l zu halten und darauf achten, dass Werte von 10 - 20 mg/l nicht überschritten werden. Der aquaristische Fachhandel hält Testlösungen für die Nitratmessung bereit. Der Nitratgehalt kann auf unterschiedliche Weise reduziert werden:

Nitratkontrolle durch Teilwasserwechsel

Durch einen monatlichen Teilwasserwechsel von 10 % reduzieren wir den Nitratgehalt um ein Zehntel, vorausgesetzt, das frisch angemischte Meerwasser ist nitratfrei.

Vorteil: Gleichzeitig werden auch andere Schadstoffe aus dem Aquarium entfernt und zudem wichtige Spurenelemente zugeführt.

Bakterieller Nitratabbau im Lebendgestein

Stellen wir den Bakterien einen sauerstofffreien Lebensraum zur Verfügung, dann kommt es zu einem bakteriellen Abbau von Nitrat. Dieser findet vor allem im Inneren des porösen Lebendgesteines statt. Wer also plant, im Aquarium empfindlichere Steinkorallen zu halten, kann mit lebendem Riffgestein den Nitratgehalt günstig beeinflussen.

Vorteil: Nitratauf- und -abbau können ohne weiteren Eingriff des Aquarianers in ein ausgewogenes Verhältnis gebracht werden, keine Gefahr durch mangelhafte Wartung oder Fehldosierungen.

Nachteil: Lebendes Riffgestein ist wegen der hohen Transportkosten sehr teuer.

Bakterieller Nitratabbau im Denitrifikationsfilter

Anstelle von Lebendgestein bzw. zusätzlich dazu können wir den Bakterien einen speziellen Filter zur Verfügung stellen, in dem ein Milieu herrscht, das den bakteriellen Nitratabbau fördert. Ein solcher bakterieller Denitrifikationsfilter ist unter der Bezeichnung „Wodkafilter" bekannt geworden. Er besteht aus einer geschlossenen Filterkammer, in der auf geeignetem Substrat (z. B. hochporöses Glasmaterial) fakultativ anaerobe Bakterien leben. Zur Atmung verbrauchen diese nach der Neuansiedlung im frisch eingerichteten Filter zunächst den im Wasser befindlichen Sauerstoff (zu diesem Zeitpunkt leben auch andere, aerobe Bakterien im Filter). Da nur ein sehr geringer Teil des Filterwassers mit dem Aquarienwasser ausgetauscht wird, kommt es im Filter bald zu einem Sauerstoffmangel. Die fakultativ anaeroben Bakterien im Filter sind nun dazu in der Lage, den im Nitrat befindlichen Sauerstoff für ihren Stoffwechsel zu verwenden, wobei das Nitrat unter Nutzung von organischem Kohlenstoff in gasförmigen Stickstoff und CO_2 verwandelt wird. Der organische Kohlenstoff muss dabei allerdings von außen zugeführt werden, und zwar in der richtigen Menge, um die Bakterienaktivität so zu steuern, dass der Redoxwert im Filter in einem optimalen Bereich bleibt.

Als Kohlenstoffquelle eignen sich theoretisch zahlreiche Substanzen. Für den Einsatz im Steinkorallenaquarium ist man jedoch auf ungiftige Stoffe beschränkt, die dazu noch gut von außen dosierbar sein müssen. Besonders geeignet ist Alkohol (nur Ethanol, nicht Methanol!), der der Einfachheit halber als farbstofffreies Spirituosengetränk zugeführt wird, vor allem als Wod-

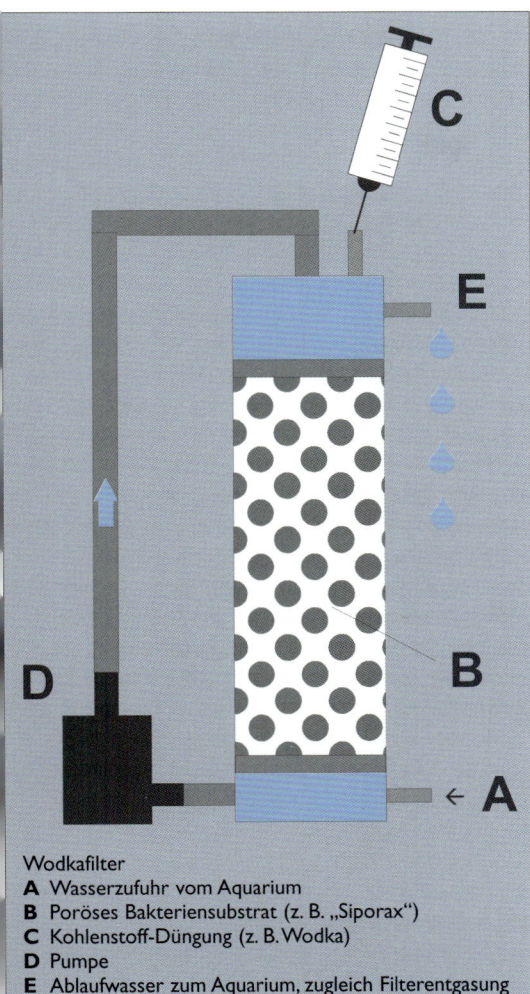

Wodkafilter
A Wasserzufuhr vom Aquarium
B Poröses Bakteriensubstrat (z. B. „Siporax")
C Kohlenstoff-Düngung (z. B. Wodka)
D Pumpe
E Ablaufwasser zum Aquarium, zugleich Filterentgasung

ner kann das Volumen des Filters sein. Die Steuerung des Redoxpotentials im Inneren des Filters und der bakteriellen Aktivität geschieht über die Kohlenstoff-Düngung, die mit Hilfe einer handelsüblichen Injektionsspritze durchgeführt werden kann. Wichtig ist, die richtige Menge für diese Düngung herauszufinden, die von zahlreichen Faktoren abhängig ist.

Nach der Neueinrichtung wird der Filter zunächst einen Monat lang ohne Kohlenstoffdüngung betrieben, damit sich Bakterien ansiedeln. Danach wird mit geringen Düngungen begonnen, am besten zwei Mal täglich. Der Nitrit- und Nitratgehalt des Filterauslaufwassers gibt Aufschluss über die Aktivität der Bakterien. Die plötzliche und starke Überdosierung des Kohlenstoffes würde dazu führen, dass sich Bakterien im Auslaufwasser des Filters befänden und in das Aquarium gelangten (weißliche Wassertrübung). Eine langfristige und moderate Überdosierung würde hingegen zum Absinken des Redoxpotentials im Filter führen (Filter-Ablaufwasser riecht nach Schwefel bzw. faulen Eiern). Mit Hilfe eines Redoxmessgerätes lässt sich die bakterielle Aktivität im Filter überwachen, so dass man mit einer Redoxregelung über eine Dosierpumpe die Kohlenstoffdüngung automatisieren kann.

Vorteil: Nitratwert des Aquarienwassers kann sehr effektiv gesenkt werden.

Nachteil: Bei mangelnder Sorgfalt kann eine Überdosierung des organischen Kohlenstoffes im Aquarium zu Problemen führen, die sich vor allem bei empfindlichen Steinkorallen unangenehm auswirken.

Der Phosphatgehalt

Phosphate sind Zwischenprodukte des Phosphorkreislaufes. Die im Aquarium vorhandenen Phosphate stammen größtenteils aus dem Abbau organischer Substanzen wie Pflanzen (Algen), Mikroorganismen und natürlich Fischfutter. Phosphat kann jedoch auch in das Aquarium

ka, der keine Aroma- oder Zuckerzusätze enthält. Der Wasseraustausch des Filters mit dem Aquarium muss sehr gering sein (z. B. 1-2 l/h), damit möglichst wenig Sauerstoff in das Innere des Filters gelangt. Die Umwälzung im Innern des Filters muss jedoch stark sein (z. B. 1.000 l/h), damit die Bakterien an allen Stellen des Filters gut vom Medium umspült werden. Die Größe des Denitrifikationsfilters richtet sich nach der Aquariengröße und der zu erwartenden Nitratbelastung, und je feinporiger das Trägermaterial ist, auf dem die Bakterien leben, umso klei-

Nur in phosphatarmem Meerwasser können Steinkorallen gut wachsen, wie beispielsweise hier vor der Küste der indonesischen Insel Sambangan.

gelangen, wenn phosphatreiches Leitungswasser zum Ersatz des verdunsteten Aquarienwassers verwendet wird. Selbst durch Aktivkohle kann Phosphat in das Aquarium eingebracht werden, denn viele der im Handel erhältlichen Aktivkohlen geben Phosphate an das Wasser ab, weil sie bei der Herstellung mit Phosphat behandelt wurden. Mit einem Phosphattest aus dem Fachhandel kann der Aquarianer dies leicht selbst prüfen (einen Teelöffel Kohlekörnchen in ein Glas destilliertes Wasser geben, eine Stunde stehen lassen und dann den Phosphatgehalt des Wassers messen). Sehr gute Ergebnisse liefert z. B. der kolorimetrische Merck-Test 1.14445.0001.

Im Meer wird gelöstes Phosphat in sehr geringer Konzentration gefunden, oft unterhalb von 0,02 mg/l. Im Meerwasseraquarium dagegen kommt es durch Anreicherung leicht zu Werten von 0,5 - 1,0 mg/l. Zwar ist Phosphat nicht giftig, doch Steinkorallen stellen schon bei leicht erhöhten Phosphatwerten das Wachstum ein, weil Phosphat die Kalksynthese hemmt. Hinzu kommt, dass hohe Konzentrationen zu Algenplagen führen können, die nur schwer zu beherrschen sind. Darum sollte versucht werden, den Phosphatgehalt im Wasser eines Steinkorallenaquariums möglichst nicht über Werte von 0,1 mg/l ansteigen zu lassen. Der Phosphatgehalt kann auf unterschiedliche Weise reduziert werden:

Phosphatsenkung durch Teilwasserwechsel

Durch einen monatlichen Teilwasserwechsel von 10 % reduzieren wir den Phosphatgehalt um ein Zehntel, vorausgesetzt, das frisch angemischte Meerwasser ist phosphatfrei.

Vorteil: Gleichzeitig werden auch andere Schadstoffe aus dem Aquarium entfernt und zudem wichtige Spurenelemente zugeführt.

Nachteil: Wenig effektiv, weil der Phosphatwert des Wassers nach dem Absenken sehr schnell wieder ansteigt (Phosphatdepots im Aquarium).

Phosphatsenkung durch Kalkwasser

Das zuvor beschriebene Kalkwasser hilft, die im Aquarienwasser gelösten Phosphate auszufällen, also in einen ungelösten Zustand zu bringen. Sie sind dann zwar noch im Aquarium vorhanden, können aber von den meisten Organismen nicht mehr aufgenommen werden.

Vorteil: Gleichzeitige Zufuhr von Calcium und basischen Puffersubstanzen, die Säuren binden können.

Nachteil: Siehe vorangegangene Beschreibung des Kalkwassers

Phosphatsenkung durch Phosphatbindemittel

Der Fachhandel bietet inzwischen verschiedene Mittel an, die Phosphat binden und auf diesem Wege aus dem Wasser entfernen. Mit Hilfe eines präzisen Phosphattests kann der Aquarianer sehr einfach feststellen, wie effektiv ein solches Mittel arbeitet, indem der Phosphatgehalt des Aquarienwassers vor und nach der Filterpassage miteinander verglichen wird. Auf die gleiche Weise ermittelt man auch, ob das Material bereits mit Phosphat gesättigt oder noch aufnahmefähig ist.

Vorteil: Durch regelmäßige oder kontinuierliche Anwendung kann der Phosphatgehalt niedrig gehalten werden.

Nachteil: Gute Mittel sind nicht billig. Nicht alle Mittel halten, was sie versprechen. Darum sollte man ein solches Mittel durch die angesprochene Vergleichsmessung auf seine Effektivität prüfen, bevor man es über einen längeren Zeitraum anwendet.

Phosphatsenkung durch Abschäumung

Auch die Abschäumung kann Phosphate entfernen. Dabei werden aber offenbar nicht die Phos-

David Saxby füttert die Fische in seinem Riffaquarium stets reichlich. Foto: J. Simmonds

phate selbst erfasst, sondern andere, organische Substanzen, die Phosphate an sich binden.

Vorteil: Die Phosphate werden nicht nur ausgefällt, sondern aus dem Wasserkreislauf entfernt.

Nachteil: Die Phosphatentfernung durch einen Abschäumer allein reicht in der Regel nicht aus, um den Phosphatanstieg im Riffaquarium zu verhindern. Führt man Kalkwasser im Abschäumer zu, lässt sich der Phosphataustrag des Abschäumers allerdings steigern (siehe unter Kalkwasser).

Fischfütterung im Steinkorallenaquarium

Steinkorallenfreunde unter den Riffaquarianern gelten als ganz besonders besorgt um gute Wasserwerte, vor allem, was die Belastung mit Nitrat und Phosphat betrifft. Darum wird oft mit Fischfutter gegeizt, damit sich die Korallen optimal entwickeln können. Das ist nicht grundsätzlich falsch, sofern man auch entsprechend wenige Fische hineinsetzt, die mit diesem Futter ihr Auskommen haben und – soweit im Aquarium möglich – ein natürliches Verhalten entwickeln. Die

Ein Nachzuchtbecken für Steinkorallen kann mit einem Refugium kombiniert werden, beispielsweise in einem Filterbecken.

Praxis sieht in der Steinkorallenhaltung aber oft anders aus, weil man, wie die Verhaltensforscherin Prof. Ellen Thaler es ausdrückt „den nötigen Kompromiss Fisch/Koralle auf Kosten der Fische austrägt" (Interview KORALLE 1). Um es klar zu sagen, die Frage darf nicht lauten „Wie oft in der Woche fütterst du deine Fische?", wie sie unter Aquarianern gelegentlich gestellt wird, sondern „Wie oft am Tag fütterst du deine Fische?".

Wie viel Futterbelastung ein Steinkorallenaquarium verträgt, ohne dass die Lebensbedingungen für die schnellwüchsigen SPS-Korallen (small polyped scleractinians, kleinpolypige Steinkorallen) verschlechtert werden, das hängt sehr von der Aquarientechnik ab. Wer sein Aquarium mit umfassender Technik zur Wasser-aufbereitung ausstattet, vor allem Abschäumung und Phosphat- bzw. Nitratreduzierung, wie beispielsweise David Saxby in London, der kann eine große Zahl stoffwechselstarker Fische darin halten und sie so üppig füttern, dass sie ebenso dicke Bäuche haben wie die prächtig gefärbten Korallenfische auf den Fotos seines Aquariums (KNOP 2001). Wer hingegen eher zu den Minimalisten zählt und in seinem Steinkorallenaquarium mit möglichst simpler, eher biologisch als technisch ausgerichteter Wasseraufbereitung arbeiten möchte, der wird in sein Aquarium so wenig Fische einsetzen wie Wolfgang Czech aus Konstanz, und wird dadurch das Wasser entsprechend weniger belasten. Beide „Philosophien" haben ihre Berechtigung, keine von beiden ist falsch, und beide Typen von Steinkorallen-aquarium sind auf ihre Weise außerordentlich faszinierend. Wichtig ist, dass alle Aquarienbewohner zu ihrem Recht auf optimale Versorgung mit all dem kommen, was sie benötigen. Bei der Koralle mögen das Licht und nährstoffarmes Wasser sein, bei den Korallenfischen sind es Geschlechtspartner und häufige, abwechslungsreiche Fütterung. Wenn dünnbäuchige Fische nervös und aggressiv zwischen prächtig gedeihenden Steinkorallen umher schwimmen, dann läuft etwas falsch.

Fütterung von Steinkorallen

Wie sieht es nun aus mit der Fütterung von Steinkorallen? Zooxanthellate Steinkorallen nehmen planktonische Zusatznahrung auf, so dass eine Fütterung grundsätzlich Sinn macht. Wenn Fische im Aquarium gehalten werden, dann steht den SPS-Korallen durch die Fischfütterung und den Stoffwechsel der Fische ausreichend Schwebenahrung zur Verfügung. Wenn sich allerdings nur ein minimaler Fischbesatz im Aquarium befindet, dann kann es sinnvoll sein, zusätzlich Schwebenahrung zu reichen. Lebendes Plankton scheint hier die bisher beste Wahl zu sein, und wer den natürlichen Weg gehen möchte, wird versuchen, dieses Plankton direkt im Aquarium entstehen zu lassen. Dazu bieten sich beispielsweise Garnelen und andere Krebse an, die regelmäßig Larven produzieren. David Saxby hält z. B. rund 30 Putzergarnelen in seinem 5.000-Liter-Riffbecken, durch deren fleißige Fortpflanzung sich beinahe allnächtlich ein Planktonregen über die Korallen ergießt.

Ein Refugium, das am Riffbecken angeschlossen ist und zahlreichen Organismen eine ungestörte Fortpflanzung und damit die Produktion von planktonischen Organismen ermöglicht, ist eine weitere Möglichkeit. Die Verbindung zum Riffaquarium mit einem Wasseraustausch, der planktonische Organismen vom Refugium in das Hauptbecken befördert, kann durchaus auch auf die nächtliche Dunkelphase beschränkt werden, in der die Fische schlafen und viele Korallen die

Tentakel zum Planktonfang ausstrecken.

Zur gezielten Nachzucht von Steinkorallen kann sogar auch das Nachzuchtbecken mit einem Refugium kombiniert werden. Dies lässt sich in einem herkömmlichen Filterbecken realisieren, wenn man in halber Höhe ein Kunststoffgitter anbringt, wie unter dem Stichwort „Steinkorallen-Nachzuchtaquarium" beschrieben. Auf diesem Gitter stehen Korallenfragmente, während sich darunter eine schnellwüchsige Kriechsprossalge befindet. Beleuchtet wird das Becken mit HQI-Strahlern oder T5-Leuchtstofflampen. Den größten Teil des Lichtes bekommen die Korallen, und ein geringer Anteil des Lichtes gelangt zwischen den Korallensubstraten durch das Plastikgitter in die untere Beckenhälfte, um die Algen zu beleuchten. Auch Lebendgestein kann sich in diesem Refugium befinden. Im Falle des abgebildeten Refugiums ist anstelle von Bodengrund eine Substanz eingefüllt, die als Filterschlamm für ein spezielles Schlammfilteraquarium angeboten wird. Im Refugium wird sich infolge der Abwesenheit von Fressfeinden bald eine Vielzahl von Kleinlebewesen vermehren, und tierisches Plankton wird bald fortwährend durch das Plastikgitter in den oberen Bereich des Beckens gelangen, wo die Polypen der Korallen es fangen können, geeignete Wasserströmung vorausgesetzt.

Bei den LPS-Korallen (large polyped scleractinians, großpolypige Steinkorallen) mit den großen, fleischigen Polypen wie *Cataphyllia* oder *Trachyphyllia* ist eine regelmäßige Zusatzfütterung sinnvoll, weil sie auch im natürlichen Lebensraum gelegentlich größere Futterbrocken erbeuten. Allein schon ihre Fähigkeit, größere Beutetiere zu bewältigen, weist darauf hin, denn es wäre kaum vorstellbar, dass diese Korallen anatomische Strukturen zum Beutefang entwickeln, ohne dass sich ein solcher tatsächlich ereignet. Auch Aquarienbeobachtungen weisen darauf hin, beispielsweise der von MITCH CARL dokumentierte Fang (CARL, 2001) eines *Pterapogon kauderni* durch eine Steinkoralle *Trachyphyllia geoffroyi*. Sehr gut eignen sich gefrorene Futtergarnelen, die nach dem

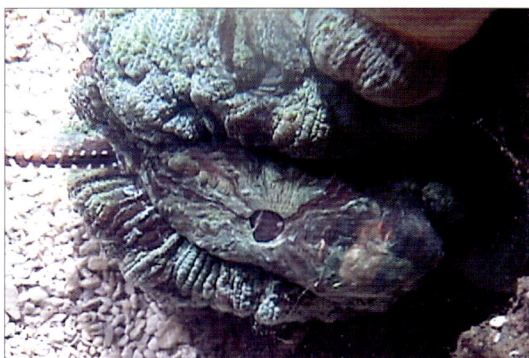

Diese *Trachyphyllia*, die Mitch Carl in seinem Aquarium fotografierte, hatte unmittelbar zuvor einen adulten *Pterapogon kauderni* gefangen. Ein Teil der Schwanzflosse ist noch gut zu erkennen. Foto: M. Carl

len Steinkorallenarten auf diese Zusatzfütterung hingewiesen.

Ganz unverzichtbar ist die regelmäßige Fütterung bei den wenigen azooxanthellaten Steinkorallen, die im Riffaquarium gehalten werden. Lange Zeit hindurch war man der Überzeugung, Korallen wie *Tubastrea* spp. seien im Aquarium gar nicht haltbar und erst recht nicht zu vermehren. Dass dies ein Irrtum war und es bei einer üppigen, täglichen Fütterung durchaus möglich ist, eine prächtige Kolonie neuer *Tubastrea*- bzw. *Dendrophyllia*-Polypen zu erzeugen, zeigen Daniela und Erich Stettler mit ihrem Aquarium (KNOP 2001). Dazu allerdings musste die Polypenkolonie jeden Abend direkt mit einer Pipette mit adulten Artemien (Frostfutter) gefüttert werden. Noch bessere Ergebnisse sind durch die Anreicherung des Futters (z. B. Vitaminlösung oder Selco) zu erwarten.

Auftauen – ganz oder zerhackt – am besten noch mit einer Vitaminlösung angereichert werden. Im Bestimmungsteil in Band 1 wird bei vie-

Dieses Steinkorallen-Nachzuchtbecken mit Refugium fungiert gleichzeitig als Schlammfilter.

Nachzucht von Steinkorallen

Geschlechtliche Fort-pflanzung im Aquarium

Steinkorallen vieler Gattungen sind im Aquarium nicht nur am Leben zu er-halten und wachsen, sondern können auch ver-mehrt werden. Zwar gilt das bei weitem nicht für alle Steinkorallen, doch mit zunehmender Hal-tungserfahrung steigt die Zahl der Gattungen, mit denen aquaristische Erfolge vorliegen. Das Ziel der Nachzuchtbemühungen ist natürlich die

geschlechtliche Fortpflanzung der Steinkorallen im Aquarium, und ein gemeinsames Ablaichen vieler Steinkorallen sehen zahlreiche Aquarianer als „Krönung" ihrer Steinkorallenhaltung an, ob-gleich das durchaus Probleme mit sich bringen kann, wie wir später sehen werden.

Voraussetzung für ein solches Ablaichen sind natürlich geschlechtsreife Korallenstöcke. Bedenken wir, dass Steinkorallen erst mit zu-nehmender Größe und nachlassendem Größen-wachstum ihre Energie in die Produktion von

Bei *Heliofungia actiniformis* ist im Aquarium bereits mehrfach eine Spermienabgabe beobachtet worden. Foto R. Hebbinghaus

Keimzellen investieren. Das bedeutet für uns, dass wir einen *Acropora*-Stock, von dem wir fortwährend die Wachstumsspitzen abbrechen, um ihn auf geringer Größe zu halten, nachhaltig daran hindern, Keimzellen zu bilden, weil wir ihm fortwährend maximales Größenwachstum abverlangen. Ist das gesamte Aquarium mit kleinen Fragmenten arboreszenter Steinkorallen besetzt, was für viele durchschnittliche Steinkorallenaquarien gilt, dann ist ohnehin nicht mit geschlechtsreifen Korallen zu rechnen, selbst wenn diese Fragmente von großen, möglicherweise bereits geschlechtsreifen Korallenstöcken stammen. Denken wir daran, dass in den Wachstumszonen eines geschlechtsreifen Korallenstocks zumindest bei schnellwüchsigen arboreszenten Arten junge Polypen sitzen, die noch nicht geschlechtsreif sind. Lediglich bei massiv wachsenden Arten wie *Favia* oder *Favites* erreichen alle Polypen eines Stockes gleichzeitig die Geschlechtsreife, auch die jungen.

Reifung von Keimzellen

Doch die Geschlechtsreife allein bedeutet noch nicht, dass auch Keimzellen gebildet werden. Dies ist von zahlreichen Umgebungsfaktoren abhängig, die bisher nur teilweise erkannt wurden. UV-Strahlung könnte eine Rolle spielen, und zwar sowohl als Voraussetzung wie auch als begrenzender Faktor. Bei zu wenig UV-Strahlung nimmt die Larvenproduktion von *Pocillopora damicornis* z. B. deutlich ab, wie JOKIEL & YORK (1982) herausfanden. Zuviel UV-Strahlung hingegen ist schädlich für die Korallen. Ähnliches gilt für alle anderen Strahlungsanteile des Lichtes, denn Dauer, Intensität und spektrale Zusammensetzung der Beleuchtung sind für die biologischen Vorgänge in den Korallen von ganz entscheidender Wichtigkeit. Auf die richtige Menge kommt es also an. Auch die adäquate Wassertemperatur gehört zu diesen Voraussetzungen, und zwar nicht nur die momentane Höhe der Temperatur, sondern auch ihre Entwicklung über einen längeren Zeitraum. Die Keimzellabgabe findet meist im späten Frühjahr statt, also nach einem langsamen Anstieg der Wassertemperatur.

Einer der wichtigsten Faktoren für die Bildung von Keimzellen dürfte jedoch der Ernährungszustand der Korallenpolypen sein, denn es geht schließlich darum, lebensfähige Gameten (Keimzellen) zu produzieren, was einen ungeheuren Energieaufwand darstellt. Dazu bedarf es eines gewissen Nahrungsüberschusses, der nicht in die Selbsterhaltung der Koralle investiert werden muss. Vereinfacht ausgedrückt, eine Koralle, die darbt und Schwierigkeiten hat, ihren Nährstoffbedarf zu befriedigen, hat keine Kapazitäten frei, um Nachkommen zu produzieren. Sicher trifft es zu, dass zooxanthellate Korallen bis zu 90 % ihres Kohlenstoffbedarfs mit Hilfe der Photosyntheseprodukte ihrer Symbiosealgen befriedigen, doch wenn der Planktonfang für sie nicht lebenswichtig wäre, dann hätten sie ihre Polypen sicher nicht zu Planktonfallen entwickelt. Die Symbiosealgen benötigen für ihren Stoffwechsel eine Stickstoffquelle, und in dem extrem nährstoffarmen Meerwasser ist diese besonders schwer zu gewinnen. Korallen versorgen deshalb ihre Symbiosealgen mit Stickstoff (Aminosäuren bzw. Peptide), und dafür benötigen sie planktonische Nahrungsorganismen, denn in planktonischen Organismen liegen erheblich höhere Stickstoffkonzentrationen vor als im umgebenden Meerwasser (SOMMER 1998). Sind also Nahrung oder Beleuchtung Minimalfaktoren, oder fehlen mineralische Substanzen, die für bestimmte Lebensvorgänge notwendig sind, dann ist bei den Steinkorallen kaum mit dem Heranreifen von Keimzellen zu rechnen, selbst wenn sie äußerlich völlig gesund wirken und die nötige Größe erreicht haben.

Keimzellenabgabe im Aquarium

Wenn die Voraussetzungen aber erfüllt sind, dann kommt es im Aquarium durchaus zu einer Gametenabgabe, dem so genannten „Massenablaichen". Armin Bergmann berichtet über gelbrosafarbene Eipakete im Aquarienwasser beim Ablaichen von *Tubastrea*-Polypen (KNOP 2001).

Tubastrea-Polypen haben schon oft im Aquarium abgelaicht. Foto. A. Sever

Daniela Stettler erlebt das Ablaichen von *Tubastrea* im Aquarium, das zu trübem Wasser führt, sogar alle vier Wochen (pers. Hinw.). Zahlreiche *Tubastrea*-Polypen haben sich in ihrem Aquarium bereits angesiedelt, was eindrucksvoll belegt, dass Larvenentwicklung und Substratansiedlung im Aquarium durchaus abgeschlossen werden können. Auch andere Aquarianer in zahlreichen Ländern haben die Bildung kleiner *Tubastrea*- bzw. *Dendrophyllia*-Stöcke im Aquarium beobachtet. Viele Aquarianer schildern auch das Ablaichen kleinpolypiger Steinkorallen im Aquarium, sowohl in geschlossenen als auch in offenen Systemen, die mit natürlichem Licht beleuchtet werden. Dr. Bruce Carlson berichtet beispielsweise über das regelmäßige Massenablaichen von *Montipora-capitata*-Stöcken in einem großen Freilandbecken des Waikiki Aquariums auf Hawaii. Vor 15 Jahren wurden die Korallen in dieses Becken gesetzt, und noch immer laichen sie am selben Tag ab wie ihre Artgenossen in freier Natur.

Eine von zahlreichen aquariengewachsenen *Tubastrea*-Polypengruppen im Riffbecken von Daniela Stettler

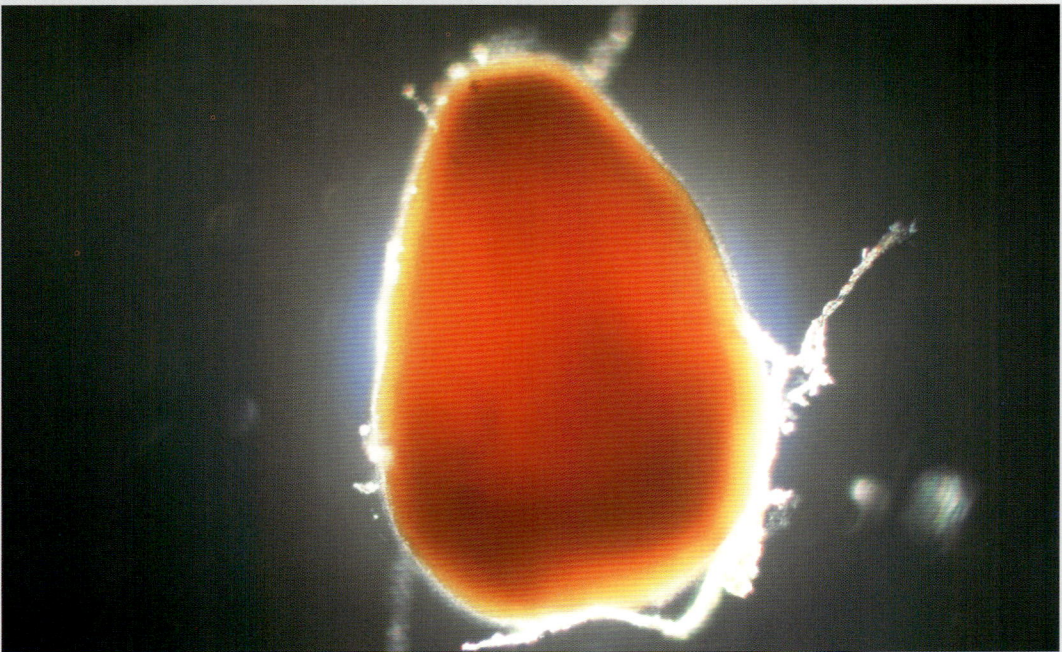

Blick von oben auf eine aquaristisch entstandene *Tubastrea*-Larve, Lichtmikroskop, Vergrößerung 40 x   Foto: D. & E. Stettler

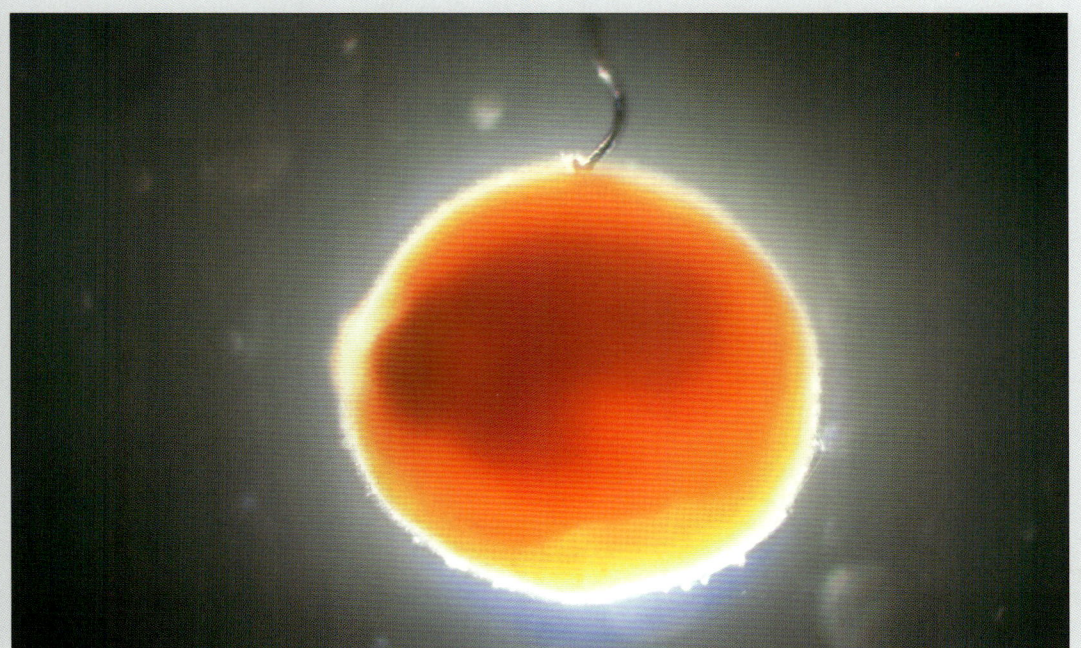

Dieselbe *Tubastrea*-Larve von Seite 68 unten, von vorn gesehen, Lichtmikroskop, Vergrößerung 40 x   Foto: D. & E. Stettler

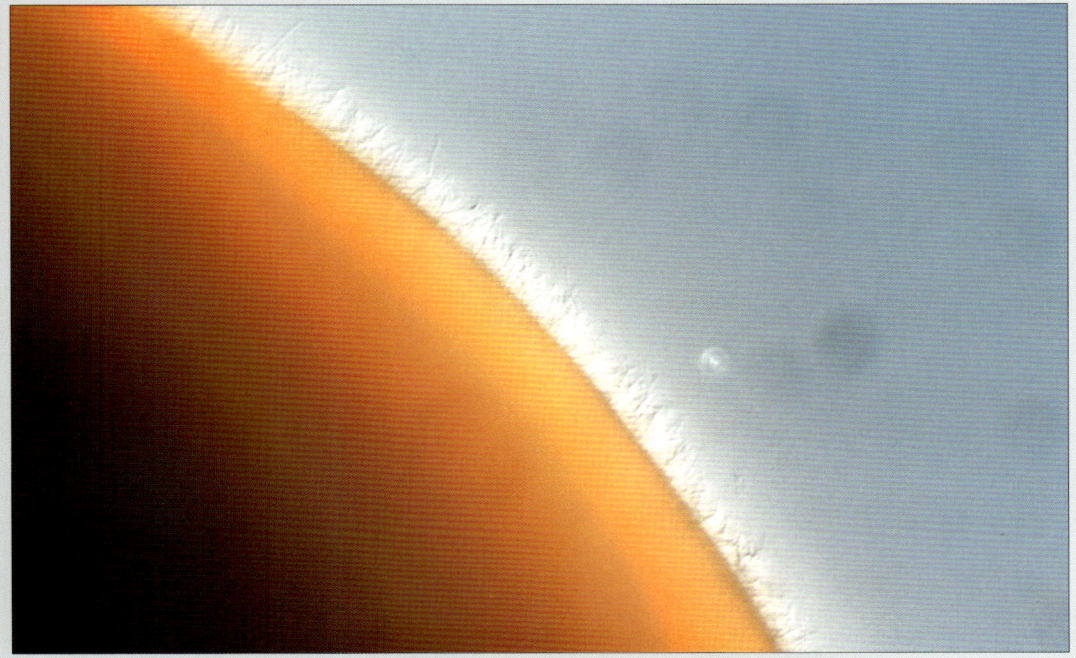

Das Wimpernkleid einer *Tubastrea*-Larve, Lichtmikroskop, Vergrößerung 400 x   Foto: D. & E. Stettler

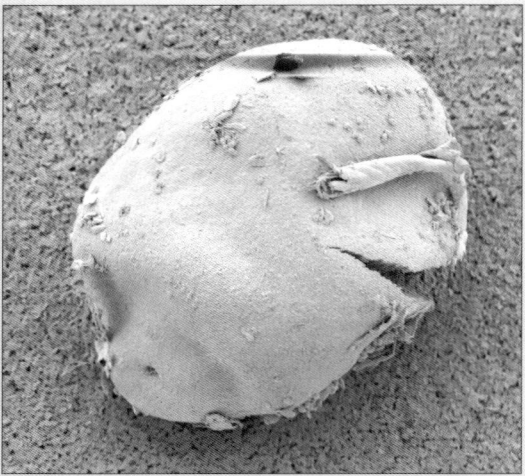

Blick auf eine aquaristisch entstandene *Tubastrea*-Larve, die Mundöffnung befindet sich links (im Foto nicht sichtbar), der Längsspalt ist die Folge einer mechanischen Beschädigung, Rasterelektronenmikroskop, Vergrößerung 71 x
Foto: D. & E. Stettler

Aquaristisch entstandene *Tubastrea*-Larve, Aufsicht, die Mundöffnung befindet sich im Foto links unten, der Spalt rechts ist die Folge einer mechanischen Beschädigung, Rasterelektronenmikroskop, Vergrößerung 71 x
Foto: D. & E. Stettler

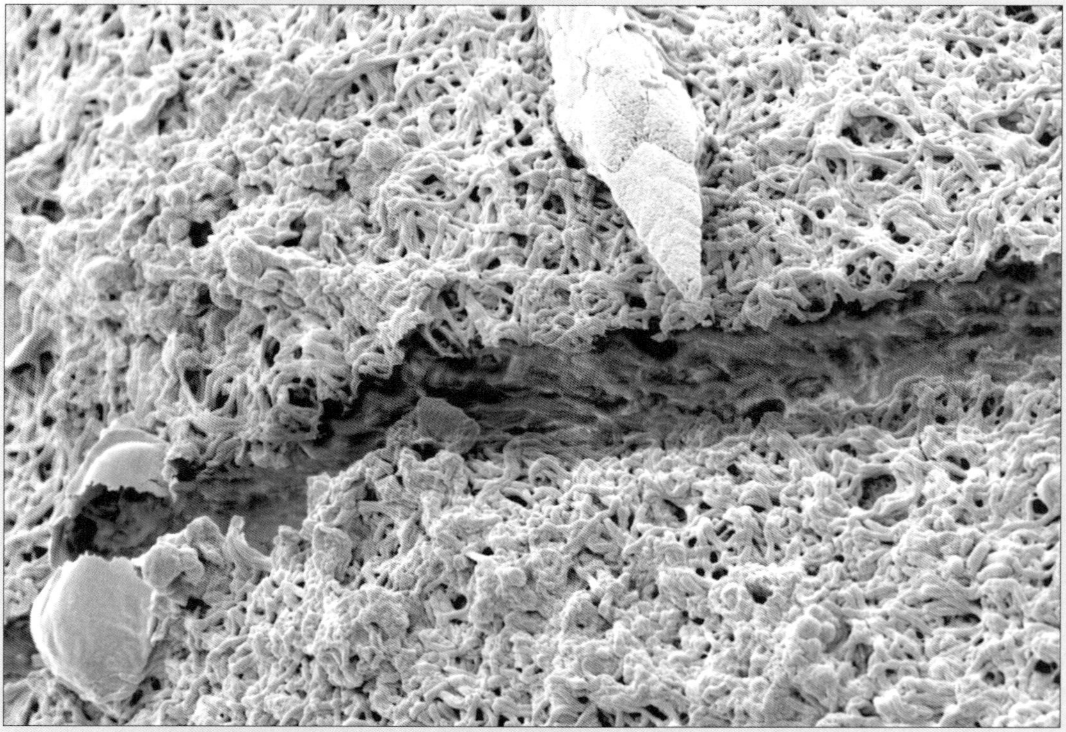

Nahaufnahme des Längsspaltes, Rasterelektronenmikroskop, Vergrößerung 2296 x   Foto: D. & E. Stettler

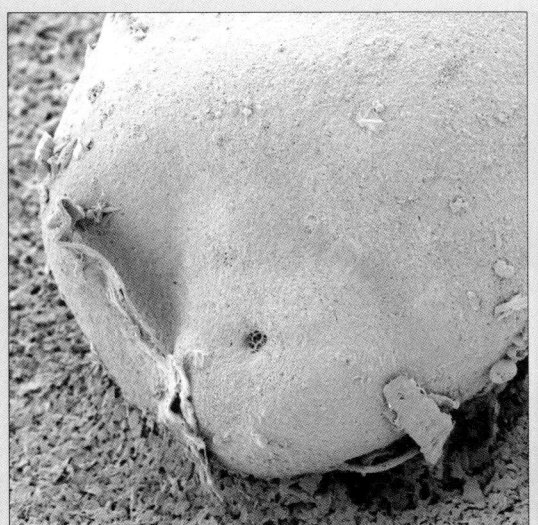

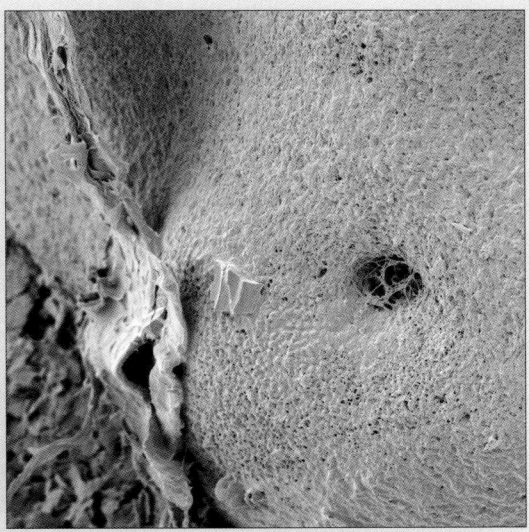

Teilansicht der vorderen Körperregion der gleichen *Tubastrea*-Larve mit sichtbarer Mundöffnung, Rasterelektronenmikroskop, Vergrößerung 138 x Foto: D. & E. Stettler

Nahaufnahme der Mundregion der gleichen *Tubastrea*-Larve, Rasterelektronenmikroskop, Vergrößerung 386 x
Foto: D. & E. Stettler

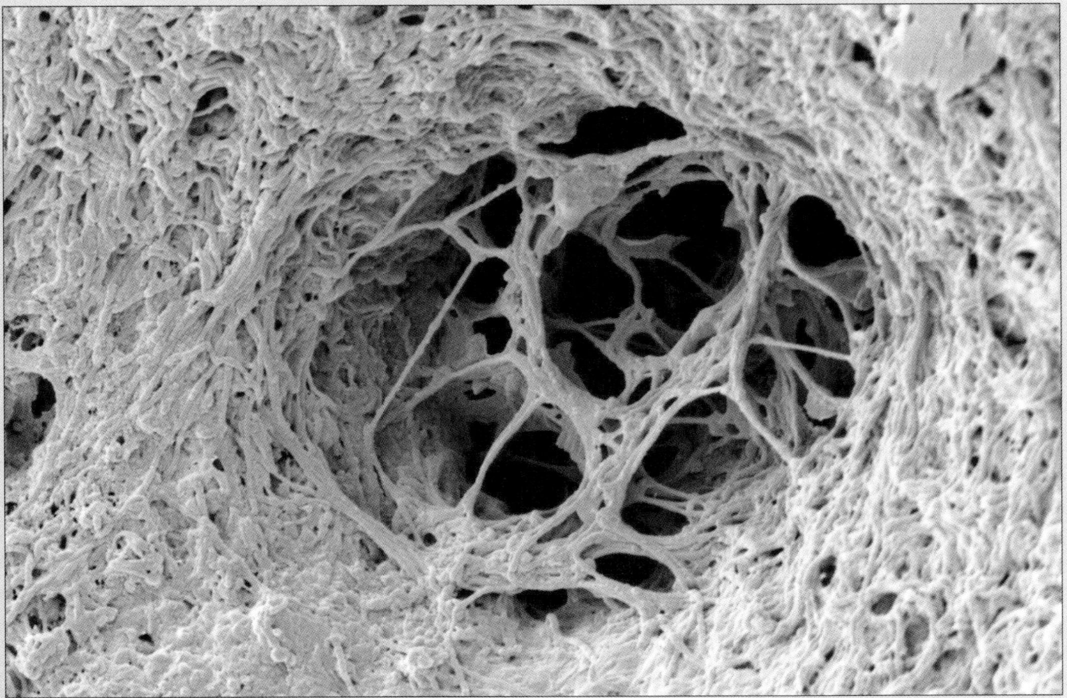

Detailaufnahme der Mundöffnung der gleichen *Tubastrea*-Larve, Rasterelektronenmikroskop, Vergrößerung 2217 x
Foto: D. & E. Stettler

Tubastrea-Larven in einem 100 ml-Glas mit Aquarienwasser

Tubastrea-Larven werden vorsichtig mit einer Injektionsspritze auf einem Brocken Lebendgestein platziert, der auf dem umgedrehten Deckel einer Kunststoffdose liegt.

Bis die Larven sich angesiedelt haben, wird die umgedrehte Kunststoffdose auf den Deckel geschraubt. Die Wand der Dose ist perforiert, und ein feines Netz ist über den Behälter gezogen, damit die Larven nicht verloren gehen.

1,5 mm großer *Tubastrea*-Polyp, im Aquarium aus einer Larve entstanden

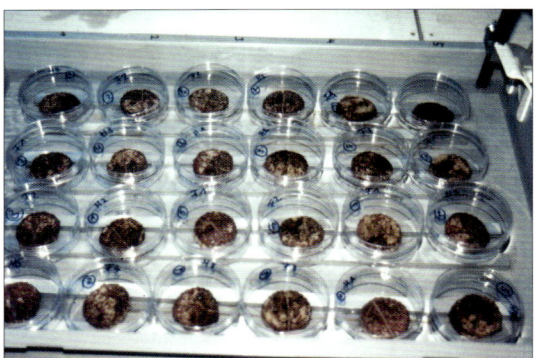

Der Versuchsaufbau von Dirk Petersen zur Aufzucht von Steinkorallenlarven. Die Petrischalen standen zur Aufrechterhaltung einer konstanten Temperatur im Wasserbad.
Foto: D. Petersen

Eine aus künstlicher Befruchtung hervorgegangene Larve von *Acropora florida* auf der Suche nach einem geeigneten Platz zur Ansiedlung auf dem Substrat. Die Larve befand sich in einer der Petrischalen der nebenstehenden Abbildung.
Foto: D. Petersen

Aufziehen von Korallenlarven

Nicht bei jeder spontanen Entstehung eines neuen Korallenstocks im Aquarium handelt es sich auch tatsächlich um eine erfolgreiche geschlechtliche Vermehrung. Das wird insbesondere bei den inzwischen zahlreichen Berichten über kleine Stöcke von *Pocillopora damicornis* deutlich, die irgendwo im Aquarium aufgetaucht sind. Armin Bergmann schildert beispielsweise einen solchen Fall (KNOP 2001), bei dem es sich möglicherweise um ungeschlechtlich erzeugte Larven handelt, denn diese Art ist ein Brüter, der nicht zu den annuellen Freilaichern gehört, sondern das ganze Jahr über in unregelmäßigen Abständen ablaicht. Ebenfalls denkbar ist bei einer solchen spontan entstandenen Koralle, dass es sich um eine ungeschlechtlich erzeugte Polypenkolonie handelt, z. B. durch eine Polypenausbürgerung („polyp bail-out"), was nicht nur für *P. damicornis* gilt, sondern auch für viele andere Steinkorallenarten.

Dirk Petersen führte Versuche mit der Larvenaufzucht einer *Acropora*-Art durch, in denen er auf eine 40-Wochen-Überlebensrate von 20 % kam (PETERSEN 1999, PETERSEN & TOLLRIAN 2001). Das macht Hoffnung, obgleich diese Larven nicht durch eine Gametenabgabe im Aquarium gewonnen, sondern aus Japan eingeflogen wurden. Als Substrat für die Ansiedlung verwendete

Petersen Tonplättchen, die mit einem Biofilm überzogen und in Petrischalen untergebracht waren. Die Larvenaufzucht scheint also auch bei kleinpolypigen Steinkorallen zu gelingen, wenn geeignete Bedingungen zur Verfügung stehen. Für eine Kommerzialisierung dieser Methoden müsste allerdings die Keimzellenabgabe der Korallen induzierbar sein, ähnlich wie dies bei Riesenmuscheln bereits seit vielen Jahren geschieht (KNOP 1994). Im Anschluss an das Projekt begann Dirk Petersen in Rotterdam mit einem Projekt zur Nachzucht von karibischen Steinkorallen in weitaus größerem Maßstab, was für die Zukunft einiges erwarten lässt. Zwar wäre es auch denkbar, Larven bei einem Massenablaichen im natürlichen Lebensraum einzusammeln und für aquaristische Versuche zu importieren wie Dr. RUDOLF HÜSTER (pers. Hinw.) vorschlug. Das ist sicher eine interessante Idee, die dazu beitragen könnte, im Bereich der Aufzucht von Steinkorallenlarven viel Erfahrung zu gewinnen, wenngleich der Lebendtransport einer großen Zahl von Larven rund um den Globus zweifellos mit enormen Kosten verbunden sein würde. Doch langfristiges Ziel sollte es sein, diese Larven bei Bedarf im Aquarium produzieren zu können. Dazu aber fehlen noch viele Antworten auf wichtige Fragen bezüglich der stimulierenden Faktoren für ein Massenablaichen.

Mondlicht für Steinkorallenaquarien

Von der Beeinflussbarkeit der Gametenabgabe durch Mondlicht in der erforderlichen Stärke und dem natürlichen Mondphasenverlauf sind inzwischen viele fest überzeugt. Steve Tyree hat sogar erfolgreich versucht, den Ablaichrhythmus anneller Freilaicher durch ein Verkürzen der „Mondphasen" bei dem künstlichen Mondlicht von 29,5 auf 15 Tage zu verringern. Vor diesem Hintergrund macht es durchaus Sinn, über einem Steinkorallenaquarium ein „Mondlicht" zu installieren, und einer ganzen Reihe von Aquarianern ist es schon gelungen, durch eine Simulation der Mondzyklen in ihrem Aquarium eine Keimzellenabgabe zahlreicher Korallen auszulösen (Fosså & Nilsen 1995).

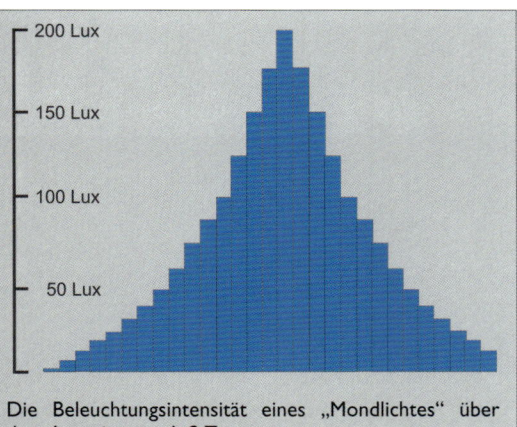

Die Beleuchtungsintensität eines „Mondlichtes" über dem Aquarium, nach S. Tyree

Als künstliches Mondlicht eignet sich eine sehr kleine blaue Leuchtstofflampe, besser noch eine Glühbirne mit blau gefärbtem Glaskolben, die an der Wasseroberfläche nicht mehr als 200 Lux erzeugen soll. Sie wird in wenigstens 50 cm Abstand über das Aquarium gehängt. Eine andere Möglichkeit sind Speziallampen mit blau-transparentem Kolben, die speziell für die Hintergrundbeleuchtung beim Fernsehen angeboten werden. Die Beleuchtungsstärke von 200 Lux sollte nicht überschritten werden (S. Tyree, pers. Hinweis), weil die Symbiosealgen eine ausreichend lange Dunkelphase benötigen. Mit ein bis zwei blauen Glühbirnen zu je 25 Watt werden wir diesen Lux-Wert aber kaum überschreiten, insbesondere, wenn der nötige Sicherheitsabstand eingehalten wird. Eine andere Möglichkeit ist die Verwendung einer blauen 18-Watt-Leuchtstoffröhre, die 400 Lumen erzeugt. Verzichten wir dabei auf einen Reflektor, dürften wir durch die Abstrahlverluste ebenfalls nicht mehr als 200 Lux an der Wasseroberfläche erreichen.

Allerdings lassen sich diese Leuchtstofflampen nicht ohne weiteres kontrolliert dimmen, denn dazu ist ein elektronisches Vorschaltgerät mit einer Zusatzeinrichtung nötig. Wenn wir die Mondphasen mit unterschiedlicher Helligkeit nachahmen möchten, sind darum Glühlampen besser geeignet. Die so erreichte Mondlichtstärke können wir entweder täglich vom abendlichen Abschalten der Hauptbeleuchtung bis zum morgendlichen Einschalten beibehalten, oder wir ahmen die Mondphasen nach und beginnen mit geringer Strahlungsstärke (wenige Lux, kaum wahrnehmbar) und steigern den Luxwert täglich, bis wir am 16. Tag den Maximalwert von ca. 200 Lux erreicht haben. Vom 17. Tag bis zum Ende des normalen Mondzyklus (29,5 Tage) verringern wir die Beleuchtungsstärke wieder schrittweise. Zur Simulation der Mondphasen empfehlen Fosså & Nilsen (1995) eine programmierbare Steuerung oder einen elektronischen Dimmer. Erheblich preiswerter – allerdings auch mühsamer – ist es, die Lampe mit einem herkömmlichen Dimmer manuell zu steuern. Wer es noch einfacher und preiswerter haben möchte, sollte sein Steinkorallenaquarium so aufstellen, dass es nachts durch das Fenster beleuchtet wird, denn dann bekommt er das Mondlicht gratis und muss sich nicht um die Mondphasensimulation sorgen.

Probleme durch Keimzellenabgabe

Einige Riffaquarianer haben mit der Keimzellenabgabe von Korallen im Aquarium allerdings sehr problematische Erfahrungen gemacht. Durch die gewaltigen Mengen an Sper-

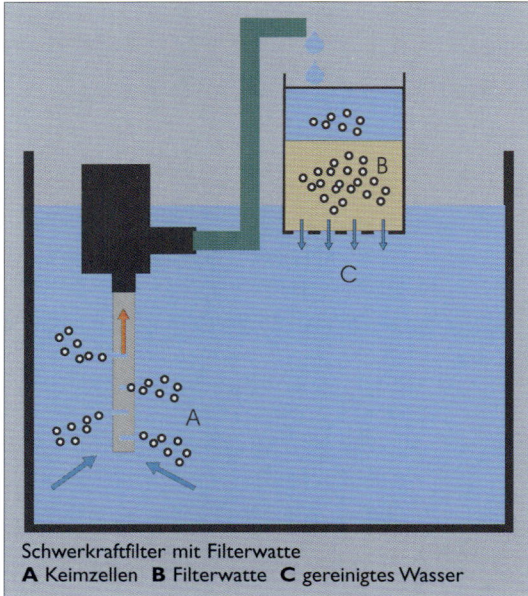

Schwerkraftfilter mit Filterwatte
A Keimzellen **B** Filterwatte **C** gereinigtes Wasser

gen Abschäumertypen zum Nachlassen der Schaumbildung kommen
• über Aktivkohle filtern, denn dadurch wird Ammonium aus dem Wasser entfernt
• nach abgeschlossener Keimzellenabgabe Teilwasserwechsel durchführen
• Wasser mit Schwerkraft über Filterwatte laufen lassen, denn durch die statische Aufladung der Kunstfasern werden viele Schwebestoffe angezogen (nicht mit Pumpe saugen oder drücken!). Am einfachsten leiten Sie das Wasser einer Förderpumpe mit einem Schlauch über die Wasseroberfläche und lassen es in einen mit Filterwatte gefüllten Becher mit gelochtem Boden laufen, so dass es passiv durch die Watte in das Aquarium tropft.

Wenn Fische heftig atmen:
• Ammoniumgehalt des Wassers testen, notfalls weiterer Teilwasserwechsel
• Aquarium mit Ausströmerstein belüften, um Sauerstoffgehalt des Wassers zu erhöhen

Vegetative Vermehrung durch Fragmentation

Die Riffaquaristik hat nicht nur Möglichkeiten entwickelt, Korallen im Aquarium am Leben zu erhalten, sondern auch, aus Fragmenten neue Korallenstöcke heranzuziehen. Noch vor zwei Jahrzehnten stellten sich Aquarianer gegenseitig die Frage „Wo kaufst du deine Korallen?". Heute fragen sich Riffaquarianer eher „Wo *ver*kaufst du deine Korallen?" Dadurch hat dieses Hobby den Schritt vom Tierverbrauch zur Tierproduktion vollzogen, ein wichtiger Meilenstein – das kann dazu beitragen, dass die Riffaquaristik ein wenig aus dem Kreuzfeuer der Kritik des Umweltschutzes kommt, denn eine Steigerung dieser künstlichen vegetativen Vermehrung von Korallen hilft, die Hobbyisten von Naturentnahmen erheblich unabhängiger zu machen. Dies ist in anderen Bereichen der Aquaristik in ganz ähnlicher Form schon geschehen. Anfang des letzten Jahrhunderts war die Süßwasseraquaristik in einer ganz ähnlichen Situation; man war auf gele-

mien, die sich in dem begrenzten Wasservolumen ansammeln – möglicherweise auch durch toxisch wirkende Substanzen, die den Keimzellen anhaften – kam es in einigen Fällen zu extremer Wasserbelastung mit tödlichen Folgen für zahlreiche Fische. Natürlich ist es ein freudiges Ereignis, wenn man im Steinkorallenaquarium Polypen beim Ablaichen beobachten kann, doch in den allermeisten Fällen handelt es sich dabei nur um die Abgabe von Spermien, nicht von Eizellen. Das bedeutet, dass wir natürlich keinerlei Chance auf Nachwuchs im Aquarium haben. Ganz im Gegenteil, denn mit einiger Wahrscheinlichkeit wird durch das Absterben dieser Gameten die Wasserqualität sinken und es folgt möglicherweise sogar ein Massensterben von Fischen. Erschwert wird das oft dadurch, dass man nicht zugegen ist, wenn dies geschieht. Sie finden also Ihr Aquarium lediglich mit trübem Wasser vor, und die Fische atmen schnell und heftig.

In diesem Fall sollten Sie Folgendes tun:
• Abschäumung optimieren, denn durch Fettauflagerungen an den Gameten kann es bei eini-

gentliche Importe einiger Fische angewiesen, die – meist von Schiffskapitänen – unter großen Tierverlusten in Hafenstädten wie Hamburg auftauchten. Die überlebenden Fische erreichten bald ein astronomisch hohes Preisniveau, und die Verlustraten von weit über 90 % führten schnell zu erbitterter Kritik von Tierschützern. Darum versuchte man bald, die Fische nachzuziehen. Dies gelang am leichtesten mit den anpassungsfähigen lebend gebärenden Zahnkarpfen, und als diese Nachzucht in größerem Umfang möglich geworden war, hatte man die Grundlage für das geschaffen, was wir heute als Aquaristik bezeichnen. Auch bei den Orchideenliebhabern war es nicht viel anders; es hatte mit raren und verlustreichen Importen dieser seltenen Pflanzen begonnen, die bald so heftig kritisiert wurden, dass sich diese Form der Liebhaberei sicher nicht lange hätte halten können, wenn nicht die engagierten Hobbyisten Methoden zur Nachzucht der zauberhaften Pflanzen entwickelt hätten. Zunächst standen zwar auch die Orchideenzüchter in der Kritik der Natur-

Bei systematischem Vorgehen lassen sich mit geringem Arbeitsaufwand recht große Mengen an „Steinkorallen-Setzlingen" produzieren.

Bei schnellwüchsigen Arten ist die Größenzunahme schon innerhalb weniger Monate enorm.

Ein *Acropora*-Ast unmittelbar nach dem Fragmentieren (①), nach einer (②) und nach zwei Wochen (③)

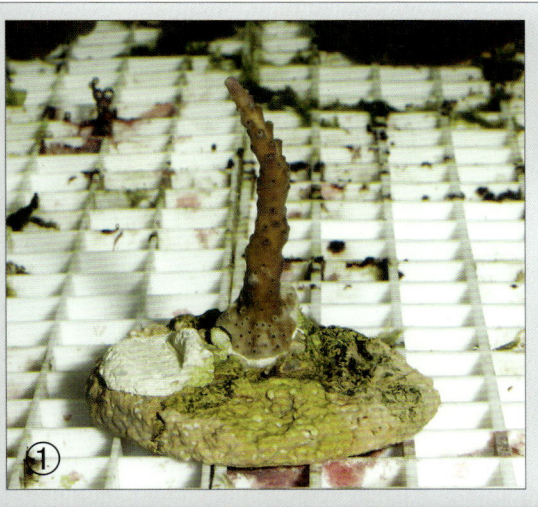

Die Entwicklung eines *Acropora*-Fragmentes auf künstlichem Zementsubstrat innerhalb eines Jahres

H. actiniformis-Vermehrung über larval entstandenen Anthocaulus im 19.000-Liter-Riffbecken des Aquazoo Löbbecke-Museum. Das Bild zeigt die Unterseite des gerade abgelösten Polypen.

Einige Wochen nach der Abschnürung ist das Gewebe des Anthocaulus-Stiels verheilt. Dennoch gelang es ihm im Aquarium nicht, einen neuen Anthocyathus auszubilden.

Der *H. actiniformis*-Polyp wenige Tage nach der Abschnürung Fotos: R. Hebbinghaus

Bei der vegetativen Vermehrung dieser *Fungia* sp. werden unter Opferung des Mutterpolypen zahlreiche Tochterpolypen gebildet, die sich später vom Mutterskelett ablösen. Möglicherweise handelt es sich bei dem Absterben des Mutterpolypen um einen natürlichen Vorgang.

Meandroide *Platigyra*-Art, im Aquarium von W. Czech herangewachsen

schützer, doch heute ist die Orchideenzucht etwas, das sicher auch der Erhaltung dieser Pflanzen dient, und niemand regt sich mehr ernsthaft über einen Orchideenzüchter auf.

Steinkorallen-Fragmente werden mit Epoxydharz auf Lebensgestein geklebt.

Ganz ähnlich kann sich die Sache auch in der Riffaquaristik entwickeln. Das erfordert aber systematisches und gut organisiertes Vorgehen, um die Nachzuchtbemühungen der Aquarianer zu koordinieren. Ein nachahmenswertes Beispiel geben hier die nordamerikanischen Aquarianer, die im Internet oder auf anderem Wege Austauschbörsen für Korallennachzuchten betreiben und Fragmente jeglicher Art mit Paketdiensten wie UPS problemlos versenden. Stanley Brown beispielsweise betreibt seit 1994 in den USA die „Breeder's Registry", eine Art „Austauschbörse" für aquaristisch nachgezogene Meeresfische und Wirbellose. Alle Mitglieder erhalten eine Liste von Aquarianern, die Fische, Wirbellose und planktonische Orga-nismen züchten. Mitglieder der Breeder's Registry, die selbst Tiere nachziehen, werden in diese Liste aktiver Züchter aufgenommen. Auf diese Weise kann jedes Mitglied selbst Kontakte zu anderen Aquarianern knüpfen, die beispielsweise bestimmte *Acropora*-Arten besitzen und vielleicht auch Fragmente zum Tausch anbieten. Zusätzlich erhalten alle Mitglieder eine Vereinszeitung mit Artikeln, in denen Aquarianer

ihre Zuchterfahrungen, Tipps und Tricks wei tergeben.

Befestigung am Substrat

Obgleich die Steinkorallen empfindlicher und schwieriger zu halten sind als die anpassungs fähigen Weichkorallen, ist ihre künstliche vegetative Vermehrung kurioserweise technisch einfacher. Das liegt daran, dass wir bei einer Steinkoralle hauptsächlich tote Kalksubstanz brechen und dabei nur wenig lebendes Polypengewebe verletzen, bei einer Weichkoralle hingegen eine große Wundfläche hinterlassen, die verheilen muss. Auch ist es erheblich schwieriger, ein lebendes Gewebe am Substrat zu befestigen, als tote Kalksubstanz.

Die Fragmentation von Steinkorallen wurde in Deutschland so richtig beliebt, als vor einiger Zeit ein Kunstharz auf den Aquaristikmarkt kam mit dem man die Fragmente recht problemlos ans Substratgestein kleben konnte. Dieses Zweikomponenten-Epoxydharz stammt ursprünglich aus dem Bootszubehörhandel und wird üblicherweise auch zum nachträglichen Abdichten von Kunststofftanks verwendet. Inzwischen sind mehrere ähnliche Produkte auf dem Markt. Die Vorteile dieser Harze liegen klar auf der Hand das Material härtet sowohl über als auch unter Wasser aus. Da es nach einiger Zeit schließlich von Korallengewebe oder Kalkalgen überwachsen wird, hat man ein einigermaßen sicheres Zeichen dafür, dass es auch im Meerwasser keine Giftstoffe freisetzt.

Eine sehr preiswerte Alternative dazu ist der Schmelzkleber, der in Form von Stäben in Kaufhäusern und Baumärkten erhältlich ist und mit Hilfe einer Schmelzpistole verarbeitet wird. In keinem Fall hat sich eine negative Wirkung auf Fische, Wirbellose oder Meeresalgen gezeigt Das Material wird vom Korallengewebe und von Kalkalgen schnell und dauerhaft überwachsen so dass eine Giftabgabe unwahrscheinlich ist Auch Tests mit Korallen und Fischen, die absurd hohen Mengen dieses Materials in kleiner Wassermenge ausgesetzt waren, konnten keinerle

Mit Hilfe von Unterwasser-Epoxydharz lassen sich Fragmente verästelt wachsender Steinkorallen leicht auf neuem Substrat befestigen.

Schädigungen der Tiere auslösen. Gute Klebepistolen sind für einen Zehn-Euro-Schein erhältlich, und die rund 15 cm langen Kleberstäbe kosten weniger als 50 Cent – gute Voraussetzungen also für eine umfangreiche Korallenzucht. Ein weiterer Vorteil der Schmelzkleber ist, dass das Material innerhalb weniger Sekunden aushärtet, wenn man es in Wasser (Seewasser!) abkühlt. Das vitale Polypengewebe der Koralle wird allerdings ein oder zwei Millimeter oberhalb der Klebergrenze zerstört, weil sich auch das Korallenskelett hier erhitzt, doch dies regeneriert sich sehr schnell. Der Nachteil ist allerdings, dass Schmelzkleber nicht unter Wasser angewendet werden kann.

Eine andere Möglichkeit zum Fixieren der Fragmente bietet Nylonband (Angelschnur). Bindet man das Fragment am Substrat an, kann es sich durch das Ausbilden einer Basalscheibe selbst befestigen. Meist kann man das Nylonband nach einigen Monaten entfernen. In manchen Fällen wird dieses Band auch vom Korallengewebe völlig überwachsen, so dass ungewöhnliche Skelettformationen entstehen, die aber als Teil der Stöcke erscheinen. JULIAN SPRUNG und CHARLES DELBEEK, die sich in Band 1 ihres Buches „Das Riffaquarium" (1996) auch mit den Fragmentationstechniken befassen, berichten über die Befestigung mit Draht aus rostfreiem Edelstahl. Der Vorteil gegenüber der Nylonschnur liegt darin, dass Draht eine Eigenstabilität besitzt und gebogen werden kann, so dass ein Verknoten nicht nötig ist. Allerdings sollte nur Draht verwendet werden, der tatsächlich aus V4A-Stahl besteht, weil selbst Stahl der Qualität V2A im aggressiven Meerwasser relativ schnell oxydiert.

Substratauswahl

Als Material benötigen wir für eine umfangreichere Fragmentation neben dem Befestigungsmittel zwei Schalen, die mit Seewasser gefüllt werden; eine für die unfragmentierte Koralle oder die bereits abgetrennten Bruchstücke, die andere für die fertigen Fragmente, die auf dem neuen Substrat befestigt sind. Darüber hinaus sollten wir ein Handtuch bereithalten, um die Bruchstelle der Fragmente vom Tropfwasser zu befreien.

Ein wenig Sorgfalt verlangt die Auswahl der Substrate. Kalkhaltiges Gestein sollte bevorzugt werden, aber auch kalkfreie Steine und sogar ausgehärteter und gewässerter Zement können verwendet werden. Steinkorallenfragmente sollten auf relativ kleinen Substratsteinen untergebracht werden, besonders wenn sie für den Verkauf oder Tausch gedacht sind. Das Substratgestein sollte trocken sein, damit der Kleber besser haftet. Natürlich können sowohl das Epoxydharz als auch der Schmelzkleber ebenfalls auf feuchtem oder gar nassen Untergrund befestigt werden, doch die Verbindung ist haltbarer, wenn das Gestein beim Aufsetzen der Koralle trocken ist.

Neben den natürlichen Substraten können auch künstliche verwendet werden, die man sich speziell für diesen Zweck anfertigen kann. Besonders für jene Aquarianer, die Steinkorallen gezielt züchten wollen, um die Fragmente zu verkaufen oder zu tauschen, wäre dies sicher hilfreich. Korallenfragmente mit identischen und glattflächigen Substraten mögen optisch nicht so schön wirken, wie ein Fragment, das auf einem natürlichen Stein sitzt, doch für Verpackung und Versand ist das künstliche Substrat nach meinen Erfahrungen geeigneter. Auch könnte man ein flaches, tafelförmiges Substrat mit Korallenfragmenten komplett versenden, bevor es in einzelne Stücke gebrochen wird.

Wer allerdings die Korallen vermehrt, um die Fragmente später zu verkaufen oder zu tauschen, der muss sie nicht unbedingt an einem Substrat befestigen. Dick Perrin, der im amerikanischen Detroit das Tropicarium betreibt, eine gewerbliche Korallenfarm, geht hier einen anderen Weg. Bei astbildenden Steinkorallen verwendet er ein Plastikröhrchen, wie es üblicherweise eingesetzt wird, um Schnittblumen frisch zu halten. Er steckt den Stamm des Fragmentes in das Röhrchen hinein und füllt den übrigen Raum im Röhrchen mit feinem Korallensand, so dass die Koralle fest sitzt. Viele solcher Röhrchen kann man in einer gelochten Trägerplatte unterbringen und bei Bedarf entnehmen, um sie zu versenden.

Neben Riffgestein eignen sich auch künstliche Substrate für die Aufzucht von Steinkorallen-Fragmenten, wie in diesem Becken, das 1998 auf der MACNA X in Los Angeles zu sehen war.

Nicht nur kleinpolypige, sondern auch großpolypige Steinkorallen wie *Caulastrea* sp. oder *Euphyllia* sp. können mit Unterwasser-Epoxidharz auf neuem Substrat befestigt werden.

Auch größere Stöcke einer Steinkorallenart können mit Epoxydharz auf Substrat geklebt werden.

Nordamerikanische Riffaquarianer befestigen Steinkorallenfragmente zur Aufzucht oft in Plastikröhrchen.

Mit einer Zange lassen sich Teile einer astförmig wachsenden Steinkoralle präzise brechen.

Auch könnte man eine solche Trägerplatte komplett mit allen Röhrchen verschicken, damit die Korallenfragmente nicht einzeln verpackt werden müssen. Der Aquarianer, der die einzelne Koralle schließlich in sein Aquarium einsetzen möchte, befestigt das Fragment – oder den inzwischen vielleicht herangewachsenen Stock – mit Hilfe von Unterwasser-Epoxidharz auf einem Substrat seiner Wahl, das er gut in der Dekoration seines Riffbeckens unterbringen kann.

Fragmentieren

Die meisten Steinkorallenarten können durchaus längere Zeit aus dem Wasser herausgenommen werden, um sie zu „bearbeiten". Kleinpolypige Steinkorallen sind in der Regel problemlos zu fragmentieren. Sie werden lediglich mit der Hand oder einem Hilfsmittel (Gartenschere, Zange, Hammer und Meißel) zertrennt. Mit etwas Übung gelingt es dann meist auch bald, die Koralle wenigstens ungefähr an jener Stelle zu zer-

trennen, wo man dies vor hat; anfangs brechen vor allem die fragilen *Acropora-* und *Pocillopora-*Arten meist genau dort, wo man es am wenigsten wünscht.

Mit großpolypigen Korallen (LPS) kann theoretisch genauso verfahren werden, doch dürfen natürlich die Einzelpolypen nicht geschädigt werden. Im Bestimmungsteil des ersten Bandes wird bei den einzelnen Korallengattungen auf die jeweiligen Möglichkeiten zur Fragmentation hingewiesen. Bei *Caulastrea*-Arten z. B. gelingt das Fragmentieren noch völlig problemlos. Andere Wuchsformen erfordern andere Techniken. Bei *Favia*-Arten empfehlen SPRUNG & DELBEEK (1994), mit einem kreisförmigen Rundbohrer ein zylindrisches Stück herauszubohren und diesen Bohrkern auf ein neues Substrat zu kleben. Das Bohrloch in der „Mutterkoralle" kann mit Unterwasser-Epoxidharz gefüllt werden, das von Korallenpolypen überwachsen wird. Ähnlich lässt sich auch bei anderen Korallenarten vorgehen, die eine ähnlich massive Wuchsform besitzen.

Stattdessen kann man aber auch den gesamten kugelförmigen Korallenstock mit Hilfe einer Eisensäge durchtrennen.

Bei der Fragmentation lamellar wachsender Korallen, z. B. einigen *Montipora*- oder *Echinopora*-Arten, wird ein abgebrochenes Stück auf das Substrat aufgeklebt, wobei ein Teil des blattförmigen Korallenskelettes beidseitig vom Kleber gefasst werden sollte. *Turbinaria* spp. dagegen werden einfach durchgesägt. Das Befestigen auf einem Substrat ist nicht nötig; die Koralle wird einfach nur auf Dekorationsgestein gelegt.

Schmelzkleber und Epoxydharz ermöglichen auch, Einzelpolypen von großpolypigen Steinko-

Für große, lamellar wachsende Steinkorallenfragmente wie diese *Montipora florida* ist ein entsprechend großes Substratgestein nötig, das auch eine mechanische Verankerungsmöglichkeit bietet.

Im Gegensatz zu dieser Darstellung gehören Steinkorallen verschiedener Gattungen in unterschiedliche Behälter, besonders nach der Fragmentation.

rallen wie *Catalaphyllia jardinei* auf einen Substratstein aufzukleben. Weil diese Korallen an der Skelettbasis oft sehr dünn oder spitz sind und nicht in jeder Steindekoration problemlos untergebracht werden können, gibt es bisweilen Probleme. Dabei muss aber meist recht viel Klebersubstanz eingesetzt werden, was die Anwendung der Epoxydharze für diesen Zweck fast unbezahlbar macht. Hier hilft der preiswerte Schmelzkleber aus dem Baumarkt.

Was ist sonst zu beachten?

Insgesamt aber ist die künstliche vegetative Vermehrung von Steinkorallen sehr einfach, und wer systematisch vorgeht und größere Bestände erzeugt, kann damit durchaus einen beträchtlichen Teil der Kosten finanzieren, die sein Hobby verursacht. Einige Dinge gibt es aber doch zu beachten. Grundsätzlich ist bei der Fragmentation von Steinkorallen zu bedenken, dass jegliche Fragmentation zu Verletzungen von Polypengewebe führt. Dies gilt auch für kleinpolypige Steinkorallen wie *Pocillopora* oder *Acropora*, denn im Bezirk der Skelettabtrennung werden einige Polypen zerrissen. Das hier verletzte Polypengewebe kann in einem sehr ungünstigen Aquarienmilieu von Bakterien oder Protozoen besiedelt werden, die sich auf der Koralle weiter ausbreiten und dann auch vitales, gesundes Polypengewebe befallen. Dies geschieht zwar selten, ist aber zumindest theoretisch nicht ausgeschlossen, und dieses Risiko ist normalerweise umso höher, je größer die Polypen bzw. Koralliten der jeweiligen Koralle sind. Darum sollte man die Fragmentation einer Koralle nur dann durchführen, wenn alle Korallen im Aquarium durch ihr gutes Wachstum ein geeignetes und gesundes Milieu anzeigen. Eine Korallenart, die sich offensichtlich „nicht wohl fühlt", sollte niemals verletzt oder fragmentiert werden.

Auch sollten wir berücksichtigen, dass die Korallen nach dem Fragmentationsprozess vermehrt schleimige Sekrete abgeben, je nach Art bisweilen auch erhebliche Mengen. Diese Sekrete können Korallen anderer Arten natürlich schädigen. Um hier Verluste zu vermeiden, sollten wir bei umfassenderen Fragmentationsvorhaben nicht nur gut abschäumen und über Aktivkohle filtern, sondern auch sicherstellen, dass solche Sekrete nicht durch die Wasserströmung in Stöcke anderer Korallenarten hineingetragen werden. Auch sollten Vertreter unterschiedlicher Steinkorallengattungen oder sogar -familien nicht im selben Gefäß transportiert oder umgewöhnt werden. Für die Aufbewahrung von Fragmenten gilt dies in ganz besonderem Maße, weil infolge der Fragmentation viele Sekrete freigesetzt werden.

Fragmentieren eines LPS-Korallenpolypen

Wenn sich bei großpolypigen Steinkorallen ein Anthocaulus bildet, was bei *Cataphyllia jardinei* und anderen Arten beobachtet worden ist, kann dieser von der Mutterkoralle abgetrennt werden, sobald er eine ausreichende Größe erreicht hat. Bei einigen Arten trennt sich ein solcher Anthocaulus bei Erreichen eines bestimmten Durchmessers aber auch spontan ab, wie dies beispielsweise Rolf Hebbinghaus im Aquazoo Löbbecke-Museum in Düsseldorf bei *Heliofungia actiniformis* erlebt hat.

An vielen Stellen dieses Buches wurde darauf hingewiesen, dass der Korallit eines Korallenpolypen beim Fragmentieren nicht zerstört werden soll, bzw. dass diejenigen Polypen einer Steinkoralle, deren Korallit im Bereich der Bruchstelle liegt, verloren seien. Das ist grundsätzlich auch richtig, wenn man davon ausgeht, dass beim Zerbrechen der Koralliten auch das Gewebe des Polypen verletzt wird. Der aus Deutschland stammende US-Amerikaner Albert

Thiel führte jedoch vielfach eine Fragmentation eines einzelnen LPS-Koralliten durch, ohne den Polypen zu verletzen (pers. Hinw.). Die beiden Skelettanteile wurden gerade so weit voneinander entfernt, dass ein Zug auf das Gewebe des Polypen ausgeübt wurde, was nach seiner Auskunft eine Teilung des Polypen mit einer nachfolgenden Regeneration fehlender Gewebe- und Skelettanteile induzierte. Wichtig ist jedoch, dass der Korallit nicht mit Gewalteinwirkung zerbrochen wird, weil man dabei die Bruchlinie nicht exakt festlegen kann. Auch sollte ein Schlag oder eine ähnliche Krafteinwirkung auf den Polypen vermieden werden, denn die veränderten Schwerkraftverhältnisse außerhalb des Wassers belasten verschiedene anatomische Strukturen der Polypen auf unnatürlich starke Weise, so dass bei einem Stoß eine Traumatisierung des Gewebes zu befürchten wäre. Thiel setzt zur Trennung des Kalkskelettes einen Trennschleifer ein, mit dem er sich an der gewünschten Bruchlinie von außen durch das Skelett arbeitet und den größten Teil der Korallitenwand durchtrennt, um dann nur den letzten dünnen Anteil dieser Wand mit großer Vorsicht zu brechen. Anschließend werden die beiden Skelettanteile mit dem unverletzten Polypen zurück in das Aquarium verbracht und an der ursprünglichen Stelle so fixiert, dass ein leichter Zug auf den Polypen ausgeübt wird. Im gleichen Maße, wie es zur Streckung des Polypengwebes kommt, sollten dann die beiden Skelettanteile weiter voneinander entfernt werden, damit die Zugeinwirkung auf das Polypengewebe erhalten bleibt. Nach einiger Zeit wird der Polyp sich nach Thiels Aussage teilen und den Koralliten wieder vervollständigen. Es scheint durchaus lohnend, solche Versuche mit einigen LPS-Steinkorallen durchzuführen, um schließlich die Gelegenheit zu haben, besonders pigmentstarke Farbmorphen zu vermehren. Allerdings ist selbstverständlich, dass solche Experimente nur in einem Aquarium mit hervorragendem Steinkorallenwachstum durchgeführt werden sollten, in dem die Lebensbedingungen für die betreffende Korallenart sehr gut sind.

Im Riff brechen starke Wasserturbulenzen oft Stücke von fragilen Steinkorallen ab und schwemmen sie an eine andere Stelle, wo sie dann weiterwachsen. Darum kann man die Fragmentation als eine der nätürlichen Verbreitungsweisen der Korallen im Riff ansehen.

Ein Nachzuchtbecken für Steinkorallen sollte so konstruiert sein, dass sich kleine Teile des Besatzes mühelos aus dem Aquarium herausheben lassen. Ein solches „Tablett" mit Nachzuchtkorallen kann beispielsweise für einige Stunden in ein Riffaquarium gelegt werden, damit Fische Algen abweiden können.

Steinkorallen-Nachzuchtaquarium

Ein Filterbecken kann auf einfache Weise in ein Korallen-Nachzuchtbecken verwandelt werden. Am besten kleben Sie hierzu an den beiden langen Glasscheiben des Beckens auf halber Höhe mit Silikon Stäbe aus Acrylglas oder anderem meerwasserfesten Material ein. Auf diese Stäbe legen Sie Gitterplatten aus Kunststoff. Das können perforierte PVC- oder Acrylglasplatten sein oder weiße Kunststoffgitter aus der Lampenindustrie. Mit diesem „doppelten Boden" erreichen Sie, dass die Korallen erheblich dichter an der Wasseroberfläche – und damit näher am Licht – stehen, als wenn man sie einfach auf den Boden des Beckens stellte. Um später das Hantieren mit den Korallen zu erleichtern, sollten Sie das Kunststoffgitter in mehrere Teile sägen, damit einzelne „Tabletts" mit den Korallen leicht

herausgenommen werden können. Das gesamte Gitter mitsamt der Korallen auf einmal herauszunehmen ist fast unmöglich, besonders, wenn das Becken durch Zugstreben stabilisiert ist. Bei systematischer Nachzucht müssen Sie damit rechnen, dass die Substratsteine gelegentlich von Algenaufwuchs befreit werden müssen, und dazu ist es außerordentlich praktisch, einen Teil der Korallen auf einem handlichen Teil der Platte aus dem Nachzuchtbecken nehmen zu können. Unterhalb des „doppelten Bodens" können Sie ein Refugium einrichten, wie im Kapitel „Fütterung von Steinkorallen" beschrieben.

Wenn Sie mit flachen Substratsteinen arbeiten, dann können Sie in der ersten Phase der Anzucht erheblich Platz sparen, indem Sie zwei Schichten übereinander einsetzen. Das klingt paradox, ist aber in der frühen Phase möglich, wenn es sich um astförmige Korallenfragmente

Steinkorallen-Nachzuchten ohne spezielles Nachzuchtbecken – ästhetisch nicht gerade reizvoll, aber ausgesprochen praktisch und stromsparend

z. B. einzelne *Acropora*-Äste, handelt, die aufrecht angebracht werden und erheblich weniger Raum benötigen als das Substrat selbst. Da jeder Quadratzentimeter der beleuchteten Nachzuchtfläche täglich etwas Geld kostet, macht das durchaus Sinn, vor allem wenn die Korallen-Nachzucht wirtschaftlich lohnend sein soll.

Wenn kein Filterbecken vorhanden ist, das in ein Nachzuchtbecken für Steinkorallen umgewandelt werden kann, und ein zusätzliches Nachzuchtbecken fehlt, dann hilft ein kleiner Trick: Befestigen Sie im Riffaquarium ein Kunststoffgitter wenige Zentimeter unter der Wasseroberfläche, um darauf einige Korallenfragmente heranzuziehen. Das ist zwar nicht unbedingt schön, aber ungemein praktisch. Die Fragmente belegen keinen Platz im Aquarium und sind dicht an der Lampe, wo sie viel Licht erhalten. Da es sich bei der Platte um ein Gitter handelt, kann ein Teil des Lichtes hindurch gelangen und

Wenn die Substrate der Nachzuchtkorallen flach sind, können anfangs zwei Schichten übereinander platziert werden.

Korallen beleuchten, die sich darunter befinden. Eine transparente Acrylglasplatte erfüllt anfangs den gleichen Zweck, doch durch Algenwuchs und Sedimentansammlungen leidet die Lichtdurchlässigkeit sehr.

Zahlreiche der Steinkorallen-Arten, die in einem Saumriff um eine Insel herum anzutreffen sind, eignen sich für die Fragmentation und Nachzucht.

Steinkorallen-Haltungsprobleme

Ausbleichen

Eines der Schreckgespenster jedes Steinkorallenfreundes ist das Ausbleichen seiner Tiere. Was zahlreiche Korallenriffe in freier Natur im Jahre 1998 durch El Niño dahingerafft hat, spielt sich auch in vielen privaten Aquarien ab: das Ausbleichen von Steinkorallen. Diese Erscheinung muss deutlich von dem plötzlichen Gewebeverlust („RTN") abgegrenzt werden. Die Ausbleichung bezeichnet nicht jede Hellfärbung der Korallen schlechthin,

sondern nur den Verlust der Symbiosealgen. Grundsätzlich ist sie also reversibel, abhängig von der Schwere der Schädigung und der Einwirkungsdauer. Der Begriff „plötzlicher Gewebeverlust" dagegen bezieht sich auf den tatsächlichen Zerfall des vitalen Gewebes einer Koralle, der völlig irreversibel ist.

Betrachten wir zunächst einmal das, was im natürlichen Lebensraum der Steinkorallen vor sich geht, dem Korallenriff. Während der sonnenreichen Jahreszeit kommt es in tropischen Riffen vieler geografischer Regionen zum Aus

Eine ausgebleichte *Acropora* sp. in einem philippinischen Korallenriff

Diese starken Ausbleichungen an Steinkorallen auf den Philippinen wurden durch zu hohe Wassertemperaturen verursacht.

bleichen von Steinkorallen. Das ist im Jahr 1998 durch das Klimaphänomen El Niño verstärkt worden, weil Veränderungen der Meeresströmungen dazu geführt hatten, dass in vielen Riffen die kühlenden Wassermassen aus der Tiefe, mit denen normalerweise die Wärmeeinwirkung der unbarmherzig strahlenden Tropensonne teilweise kompensiert werden kann, ausblieben. Das bedeutet jedoch nicht, dass das Ausbleichen nur während dieses El Niño-Phänomens stattgefunden hätte; es ist in vielen tropischen Riffen seit zahlreichen Jahren eine alljährliche Begleiterscheinung der sonnenreichen Jahreszeit mit ihren hohen Wassertemperaturen. Auf den Philippinen war im Jahr 1998 in den Monaten Juli und August ein verstärktes Ausbleichen von Steinkorallen zu beobachten, das über das jahresübliche Maß hinaus ging. Die Hauptursache lag ganz offensichtlich in zu hohen Wasser-

temperaturen. In einigen Küstenabschnitten bei Cebu wurden im August noch in einer Wassertiefe von sieben Metern Temperaturen von 30 bis 31 °C gemessen (San Carlos University, Cebu). Zahlreiche Steinkorallenarten zeigten vermehrte Aufhellungen, bisweilen sogar vollständiges Ausbleichen. Die Häufung von Ausbleichungserscheinungen hatte im Mai des Jahres begonnen, auf den Philippinen üblicherweise der heißeste Monat des Jahres, und schon damals waren an vielen Stellen auf den Philippinen besonders hohe Meerwassertemperaturen gemessen worden.

Wirkungsverstärkung von Wassertemperatur und Beleuchtung?

Zwar legt das gemeinsame Auftreten der hohen Wassertemperaturen und der Ausbleichungserscheinungen den Schluss nahe, dass zwischen

Diese *Pachyseris* sp. in einem Riff bei Okinawa, Japan, weist nur in jenen Zonen Ausbleichungen auf, die den gesamten Tag über Sonnenlicht erhalten. Bereiche, die durch die Positionsveränderung der Sonne zeitweise abschatten, besitzen intaktes Gewebe mit normaler Zooxanthellendichte, was Zusammenhänge mit der Lichtintensität vermuten lässt.

den beiden Beobachtungen ein direkter Zusammenhang bestehe. Dennoch scheint es sich um ein Zusammenwirken verschiedener Faktoren zu handeln, denn in der Regel waren die Ausbleichungen auf die lichtzugewandte Oberseite der Korallenstöcke beschränkt oder hier zumindest deutlich stärker. Das ist natürlich bei arboreszent wachsenden Arten weniger gut zu sehen, doch massive *Porites*-Blöcke beispielsweise, die auch lichtabgewandte Stockanteile hatten, zeigten umso weniger Ausbleichungserscheinungen, je schwächer die Beleuchtung einer umschriebenen Zone des jeweiligen Korallenstocks war. Es herrschte jedoch überall die gleiche Wassertemperatur. In Zehn Metern Tiefe beispielsweise war der abgeschattete Teil einer Steinkoralle intakt, der lichtexponierte Teil kreideweiß. Die gleiche Korallenart stand in drei Metern Wassertiefe in erheblich höherer Wassertemperatur, und auch hier sah man das gleiche Bild: der lichtabgewandte Teil der Koralle erwies sich als intakt, während dort, wo das Sonnenlicht direkt auftrifft, das vitale Polypengewebe völlig ausgebleicht war. Das weist darauf hin, dass die Wassertemperatur nicht der alleinige Auslösefaktor für das Ausbleichen sein kann.

Daraus ließe sich der – rein empirische – Schluss ziehen, dass die Korallenpolypen die hohen Wassertemperaturen besser vertragen, wenn die Beleuchtung schwächer ist. Das wäre denkbar, denn beide Faktoren haben Einfluss auf Stoffwechselvorgänge. Bringt man beide Faktoren in die verträgliche Maximalzone, könnten sich Wirkungen wechselseitig verstärken. Träfe diese Hypothese zu, dann wäre dies ein interessanter Hinweis für jene Aquarianer, deren Steinkorallen während der Sommerzeit im überwärmten Aquarienwasser leiden und dort gelegentlich auch ganz ähnliche Ausbleichungen entwickeln. Eine Verringerung der Beleuchtungsstärke könnte dann helfen, die Ausbleichungen zu begrenzen. Auch würde es erklären, warum manche Aquarianer im Sommer schon bei Wassertemperaturen von 28 oder 29 °C über Ausbleichungen ihrer Steinkorallen klagen, während die gleichen Arten – teilweise sogar Ableger der gleichen Stöcke, al-so genetisch identische Korallen – in anderen Aquarien auch bei einer Wassertemperatur von 32 °C noch keinerlei Ausbleichungen entwickeln.

Ausbleichen durch Makroalgen-Photosynthese

Um die Hypothese zu prüfen, dass nicht allein die erhöhte Wassertemperatur die Tiere zum Abstoßen der Symbiosealgen – also zum Ausbleichen – veranlasst, sondern andere Faktoren beteiligt sein können, bestückte ich ein 140-Liter-Aquarium mit einer größeren Menge Kriechsprossalgen der Gattung *Caulerpa*. In diesem Aquarium befanden sich mehrere Exemplare der Seeanemone *Entacmaea quadricolor* sowie Steinkorallen *Porites* sp., *Montipora* sp. und *Acropora* sp.. Beleuchtungsstärke und Wassertemperatur blieben unverändert. Schon bald stieg der Sauerstoffgehalt des Aquarienwassers durch die kräftige Photosynthese der Makroalgen an. Das Wasser konnte den photosynthetisch erzeugten Sauerstoff nicht mehr lösen, so dass er in Form von Gasbläschen an den Thalli der Algen haften blieb. Diese Sauerstoffanreicherung des Aquarienwassers führte bei den Seeanemonen und Korallen offenbar zu Stoffwechselproblemen, denn innerhalb von zehn Tagen begann die erste Seeanemone damit, ihre Symbiosealgen vollständig abzustoßen. Sie verlor ihre bräunliche Grundfärbung, so dass nur die rötliche Pigmentation erhalten blieb. Wenige Tage später begann auch bei den Steinkorallen das Ausbleichen. Es scheint, als wäre das Ausstoßen der Symbionten eine Art „Sofortmaßnahme", mit der die Wirbellosen die toxische Sauerstoffanreicherung in ihrem Gewebe verringern können. Andere Mechanismen zur Zerstörung toxischer Sauerstoffradikale im Gewebe erfordern möglicherweise mehr Zeit und sind auch an die Verfügbarkeit bestimmter Elemente wie Jod gebunden.

Vier Tage darauf wurden die Algen aus dem Aquarium entfernt, was schon binnen 48 Stunden bei der ausgebleichten Seeanemone zur Neuansiedlung von Symbiosealgen führte, als bräunliche Färbung erkennbar. Interessanter-

Nach dem Reduzieren des Sauerstoffgehaltes im Aquarienwasser vermehrten sich bei der Seeanemone *E. quadricolor* die Symbiosealgen zuerst in jenen Bereichen, die am weitesten von der Lichtquelle entfernt waren.

weise entwickelte sich diese bräunliche Färbung exakt an jener Stelle, die von der Aquarienbeleuchtung am weitesten entfernt war. Ein Zusammenhang mit der Beleuchtungsstärke schien also zu bestehen, obgleich dieser Faktor über den ganzen Versuch hinweg unverändert geblieben war. Einige Tage später färbten sich auch die Steinkorallen wieder dunkler.

RTN – was ist das?

Im Riff wie im Aquarium erkennt man die dauerhafte Schädigung der Koralle durch das Ausbleichen am sofort beginnenden Algenwuchs, der das ehemals kalkweiße Skelett bräunlich färbt. Sobald das Polypengewebe abgestorben ist, erlischt natürlich die Fähigkeit der Koralle, den Algenaufwuchs zu verhindern. Dieser Gewebeverlust unterscheidet sich allerdings grundlegend von dem, was als RTN bezeichnet wird. Dieses Kürzel steht für „rapid tissue necrosis", einen

meist sehr plötzlich auftretenden und rasch fortschreitenden Gewebszerfall bei Steinkorallen. Die Bezeichnung RTN ist zwar kein wissenschaftlicher Begriff, sondern nur eine Bezeichnung, die von amerikanischen Riffaquarianern beim Erfahrungsaustausch im Internet geprägt wurde, doch sie hat sich in der Aquaristik etabliert.

Nach bisherigen Erkenntnissen wird RTN durch eine Massenvermehrung von Protozoen der Gattung *Helicostoma* ausgelöst. Zwar liegen bisher über die Ursachen der RTN nur wenige wissenschaftlich gesicherte Erkenntnisse vor, doch nach der gegenwärtigen Auffassung ist dieser Gewebszerfall auf die Schwächung der Korallenpolypen durch schädigende Umgebungsfaktoren zurückzuführen. Der Grund für das Absterben dieser Polypen ist aber zunächst nicht eine Massenvermehrung von Protozoen, sondern umgekehrt, das Absterben von Polypen verursacht die Massenvermehrung von Protozoen. Erst, wenn diese sich durch die gute Nah-

RTN: Plötzlicher Gewebeverlust – nur wenige Stunden liegen zwischen diesen beiden Fotos.

rungsgrundlage dramatisch vermehrt haben, können sie auch gesundes Polypengewebe befallen und dadurch im Aquarium die Katastrophe auslösen, die wir als RTN bezeichnen.

Es beginnt meist langsam

Diese opportunistischen Krankheitserreger sind auch auf gesundem Korallengewebe vorhanden, ohne dass an der Koralle Krankheitszeichen zu sehen wären. Die ersten Anfänge eines Gewebszerfalls entstehen dann meist langsam und unbeobachtet. Viele SPS-Korallen besitzen einzelne Zonen, in denen mehr dieser Protozoen nachzuweisen sind, als auf gesundem Gewebe. Meist ist dies in abgeschatteten Bezirken am unteren Teil einer Stocks der Fall, oder an der Unterseite von Korallenästen, also bei Polypengruppen, die besonders wenig Licht erhalten. Dadurch sind offenbar alle betreffenden Polypen geschwächt. Sobald einige Polypen zugrunde gehen, können sich die Protozoen massenhaft vermehren. Auch mangelnde Wasserströmung scheint nach bisherigen Beobachtungen die Korallenpolypen so zu schwächen, dass sie für eine Protozoen-Massenvermehrung anfällig werden. Das natürliche Sonnenlicht erreicht die unteren Teile eines Koral-

lenstockes besser als das unserer Aquarienlampen, weil die Sonne sich am Horizont bewegt und die Koralle im Laufe des Tages aus unterschiedlichen Positionen beleuchtet. Darum entwickelt eine Steinkoralle mit einer bestimmten Größe und Astdichte, die in der Natur prächtig wachsen würde, im Aquarium unter der unbewegten Lichtquelle möglicherweise bereits Abschattungen der unteren Anteile.

Stressfaktoren summieren sich

Nach dem bisherigen Verständnis von RTN können viele ungünstige Umgebungsfaktoren das Absterben von Polypengruppen auslösen, was dann zur Vermehrung der Protozoen führt. Bisweilen potenzieren sich diese Einflüsse gegenseitig. Jeder Einzelne dieser Faktoren für sich würde das Korallengewebe möglicherweise noch nicht schädigen, doch dort, wo sich diese „Stressfaktoren" summieren, stirbt das Gewebe ab. Ist beispielsweise die Wassertemperatur im Sommer zu hoch, werden alle Korallen geschwächt, wenngleich auch noch kein Korallenpolyp Schaden nimmt. Sind aber einzelne Anteile des Korallenstocks bereits durch Abschattung oder durch Strömungsschatten geschwächt,

Diese hübsch gefärbte *Acropora*-Art stand unter starker, aber zu kurz dauernder Beleuchtung und entwickelte nach einigen Wochen plötzlich innerhalb weniger Stunden ausgeprägte RTN-Symptome

Acropora pulchra mit *Helicostoma*-Befall im Endstadium. Foto: R. Hebbinghaus

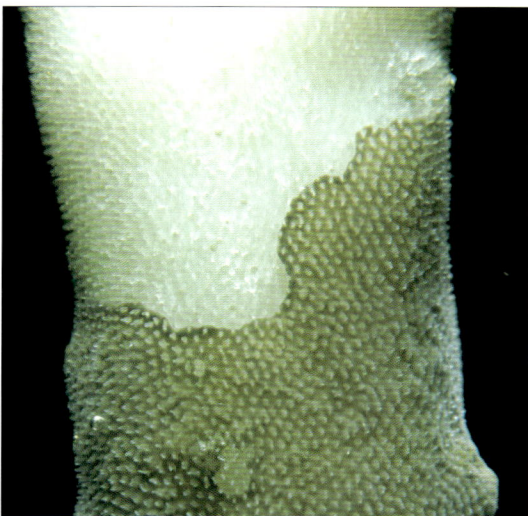

Die gleiche *Acropora* in einer Nahaufnahme zeigt, wie sich die Gewebeauflösung kontinuierlich vorwärts bewegt.

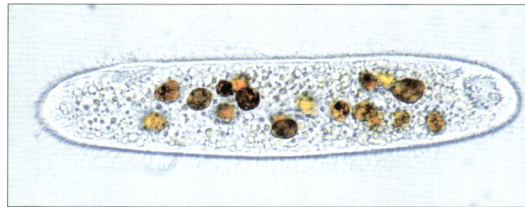

Protozoon *Helicostoma nonatum*, Mikroskop-Aufnahme, Größe ca. 80 Mikrometer (µm) Foto: R. Hebbinghaus

kann dieser Temperaturstress zum Absterben des Gewebes führen. Ohne die erhöhte Wassertemperatur haben die Polypengruppen die Abschattung noch vertragen, aber die Summation der Stressfaktoren hat zum Untergang des Korallengewebes geführt.

Zu den möglichen Stressfaktoren gehören unter anderem zu schwache Beleuchtung oder Wasserströmung, zu hohe Wassertemperatur, Nesselgifte anderer Cnidaria, mechanische Gewebeschädigungen (unvorsichtiges Hantieren, Fraßschäden durch Fische) und möglicherweise auch Wasserwerte, die nicht im Normalbereich liegen, z. B. ein abweichender pH-Wert.

So beugen Sie gegen „RTN" vor:

- Sorgen Sie für gute Wasserströmung und Beleuchtung
- Halten Sie die Stöcke kleinpolypiger Steinkorallen relativ kurz, damit das Wachstum der Korallen nicht zu starken Licht- und Strömungsabschattungen einzelner Äste führen kann.
- Wenn durch das Korallenwachstum Licht- und Strömungsschatten entstanden sind, sollten Sie einzelne Stockteile abbrechen oder Licht und Wasserströmung entsprechend verstärken.
- Achten Sie bei Beleuchtungsveränderungen, z. B. beim Verkürzen der Beleuchtungsphase oder beim Versetzen der Lampe darauf, dass keine Teile des Korallenstocks unter Lichtmangel leiden.
- Halten Sie alle Wasserparameter im optimalen Bereich. Das gilt für die Temperatur, für den pH-Wert und alle übrigen Umgebungsfaktoren, die für das Wohlbefinden von Korallen wichtig sind.
- Besetzen Sie Ihr Aquarium nicht zu einseitig mit Arten, die ähnliche Bedürfnisse haben und dadurch das Wasser einseitig belasten und auszehren. Diese Korallenarten werden meist auch durch die gleichen Schädlinge, Krankheiten und Mangelerscheinungen geplagt, und Störungen können sich darum rascher ausbreiten, als bei einem vielseitigen Mischbesatz mit unterschiedlichsten Rifforganismen.

Eine gesunder *Acropora*-Stock im Aquarium von W. Czech

RTN-Behandlung ohne Antibiotikum

Sicher ist die Behandlung mit einem Antibiotikum eine sinnvolle Maßnahme, wenn eine Koralle massiv von *Helicostoma*-Protozoen befallen ist. Doch man sollte immer bedenken, dass diese Behandlung nur Symptome kuriert und nicht die Ursachen beseitigt. Protozoen der Gattung *Helicostoma* sind auf nahezu jeder Koralle präsent. Erst, wenn die Koralle durch irgendwelche Umstände geschwächt wird, können sie sich dramatisch vermehren und das Gewebe befallen. Ursachensuche und Optimierung der Lebensbedingungen gehören darum zu den wichtigsten Gegenmaßnahmen bei der Bekämpfung der RTN. Oft lässt sich allein dadurch das Problem schon beheben. Wenn nicht, dann stehen dem Aquarianer auch ohne Antibiotikum Behandlungsmöglichkeiten zur Verfügung. Nicht immer sollte gleich beim Beobachten erster Gewebeschädigungen gleich zum Chloramphenicol gegriffen werden.

1. Untersuchen Sie die Korallen, vor allem den unteren Teil der Stöcke, regelmäßig auf Bezirke mit ausgebleichten oder absterbenden Korallenpolypen.

2. Entdecken Sie solche Bezirke, dann sollten Sie sorgfältig nach der Ursache suchen. Antibiotikabehandlungen wären in diesem Stadium ebenso störend wie überflüssig. Optimieren Sie an den betreffenden Stellen die Strömungs- und Beleuchtungsbedingungen.

3. Stellen Sie sicher, dass die betreffenden Gewebsbezirke nicht in Kontakt mit anderen Blumentieren kommen und durch deren Nesselgifte geschädigt werden. Auch Nesselgifte von weit entfernten Korallen können schädigen, wenn sie mit der Wasserströmung kontinuierlich herangespült werden.

4. Halten Sie die Wassertemperatur im günstigen Bereich (24 - 26 °C). Steigende Temperaturen bedeuten zusätzlichen Stress für Polypen, die

Oft reicht allein ein Jodbad schon aus, um eine Koralle vom Protozoenbefall zu befreien.

bereits durch andere Einflüsse vorgeschädigt sind.

5. Sind einzelne Äste der Koralle befallen, sollten Sie diese im gesunden Gewebe abbrechen, um eine weitere Ausbreitung zu stoppen.

6. Wenn Sie die Koralle nicht fragmentieren möchten, etwa um die Wuchsform zu erhalten und die kahlen Skelettbereiche später von gesundem Polypengewebe überwachsen zu lassen, dann können Sie den betreffenden Ast im gesunden Polypengewebe mit einem Unterwasser-Epoxydharz ummanteln, um die weitere Ausbreitung des Gewebsbefalls zu stoppen. Allerdings hilft dies nicht bei Arten mit besonders poröser Skelettstruktur, weil die Protozo-

en sich auch im Inneren des Skelettes ausbrei ten können.

7. Breitet sich der Gewebszerfall weiter aus dann können Sie eine Jodbehandlung durch führen. Füllen Sie ein Gefäß (Wassereimer) mi Aquarienwasser und fügen Sie pro Liter 5 - 1(Tropfen Lugol'sche Lösung (aus der Apothe ke) hinzu. Baden Sie die befallene Koralle run(30 Minuten in dieser leicht bräunlichen Lö sung. Anschließend wird die Koralle an ihrer ursprünglichen oder einen geeigneten neuer Standort im Aquarium gesetzt.

8. Hilft auch das Jodbad nicht, sondern breite sich der Gewebszerfall massiv über den Koral lenstock aus, dann sollten Sie versuchen, ein

zelne Äste zu retten, die noch gesund erscheinen. Diese Fragmente sollten Sie auf ein neues Substrat setzen (z. B. mit Unterwasser-Epoxydharz) und nach einem 30-minütigen Jodbad (s. o.) in dem Aquarium unter günstigen Licht- und Strömungsbedingungen platzieren.

Chloramphenicol-Behandlung von Steinkorallen

Zur Behandlung der RTN, der plötzlichen Gewebsnekrose von Korallen, wird in der Aquaristik allgemein das Antibiotikum Chloramphenicol empfohlen. Besonders bewährt hat sich hier eine Kombinationsbehandlung, die von dem New Yorker Biochemiker und Aquaristikexperten Dr. Craig Bingman entwickelt wurde.

Diese Behandlungsmethode ist sehr wirksam, doch man muss bei jedem Umgang mit diesem Antibiotikum die Risiken und Gefahren kennen, denn sonst handelt es sich um ein Spiel mit dem Feuer. Das Antibiotikumbad ist nur ein Teil der von Bingman empfohlenen Gesamtbehandlung. Diese darf nicht auf das Bad beschränkt werden, weil sonst die Entstehung von Chloramphenicol-resistenten Erregern droht, die sich in der gesamten Riffaquaristik ebenso ausbreiten könnten, wie Glasrosen oder Hydroidpolypen. Damit wäre das hochwirksame Medikament Chloramphenicol für die Riffaquaristik verloren.

Beschleunigte Resistenzbildung

Riskant ist auch die früher eingesetzte Behandlungsmethode, das befallene Gewebe der Koralle direkt mit einer Chloramphenicol-Lösung oder -Paste zu bestreichen und nach einiger Einwirkzeit die Koralle in das Aquarium zurückzusetzen. Zwar lässt sich der Befall einer einzelnen Koralle dadurch sicher gut bekämpfen, doch das Überleben einzelner Erreger kann nicht ausgeschlossen werden. Diese Mikroorganismen würden sich im Aquarium ausbreiten und schnell hätte sich eine resistente Population entwickelt, die auch zukünftige Chloramphenicol-Behandlungen mühelos überstünde. Hinzu kommt, dass

bei dieser Behandlungsweise Chloramphenicol-Reste, die an der behandelten Koralle und dem Substrat haften, im Aquarium freigesetzt werden könnten. Gelangen auf diese Weise größere Mengen des Antibiotikums in das Aquarium, so würden die besonders Chloramphenicol-empfindlichen Mikroorganismen geschwächt oder getötet, was den Prozentsatz resistenter Erreger im Aquarium drastisch erhöhen würde. Auf diese Weise würde die Resistenzbildung der Protozoen rapide beschleunigt.

Auch sollte man im Umgang mit dem (verschreibungspflichtigen!) Antibiotikum Chloramphenicol immer daran denken, dass es für den Menschen selbst sehr gefährlich ist. Nicht nur, dass die unbeabsichtigte Aufnahme (Einatmen!) zur Bildung resistenter Bakterienstämme im eigenen Körper führen kann; das Medikament kann zur Krebsentstehung führen. Darum also immer nur mit Handschuhen und Mundschutz arbeiten und das Mittel vor Missbrauch sichern (Kinder!).

Chloramphenicol-Behandlung von RTN nach Bingman:

1. Dr. Bingman empfiehlt vor der Behandlung ein 30-minütiges Bad in einer Jodlösung (5 - 10 Tropfen Lugol'scher Lösung auf einen Liter Seewasser), damit möglichst wenige Bakterien mit dem Chloramphenicol Kontakt und damit die Chance zur Resistenzbildung bekommen. Wer darauf verzichtet, darf sich nicht wundern, wenn er bald behandlungsresistente Mikroorganismen im Aquarium hat.

2. Der zweite Behandlungsschritt ist ein zwei- bis dreitägiges Chloramphenicolbad in einem separaten Aquarium (10 - 50 mg Chloramphenicol pro Liter Seewasser). Das Wasser wird täglich durch frisches aus dem Aquarium ersetzt und neu mit dem Antibiotikum angereichert.

3. Nach diesem Antibiototikumbad darf die Koralle keinesfalls direkt zurück in das Aquarium gesetzt werden. Das wäre der sicherste Weg,

behandlungsresistente Mikroorganismen zu erzeugen. Auch winzigste Mengen von Protozoen, die die Behandlung überstanden haben, könnten sich zu großen Beständen vermehren, die dann bei einer nachfolgenden Chloramphenicolbehandlung der Therapie trotzten (BINGMAN, pers. Hinw.). Darum muss die Koralle nach dem Antibiotikumbad nochmals in ein Jodbad (10 Tropfen Lugol's'sche Lösung auf einen Liter Wasser), damit etwa überlebende Mikroorganismen dort abgetötet werden.

Wer mit Chloramphenicol arbeitet, muss unbedingt die Risiken und Gefahren kennen.

4. Das ist aber noch längst nicht alles, was dabei beachtet werden soll. Wer das Chloramphenicol-haltige Wasser nach Gebrauch in den Abfluss schüttet, handelt grob fahrlässig, denn er verbreitet möglicherweise Chloramphenicol-resistente Mikroorganismen unterschiedlichster Art (nicht nur Protozoen!) in der Kanalisation. Zuvor muss dieses Wasser unbedingt so behandelt werden, dass ein Überleben solcher Keime ausgeschlossen ist. Dr. BINGMAN rät dazu, ein Bleichmittel (z. B. „Chlorox", „Klorix" o. ä.) in das Wasser zu mischen, das solche Keime abtötet.

Andere Steinkorallen-Haltungsprobleme

Gelegentlich tauchen in der aquaristischen Literatur Begriffe wie „Weißbandkrankheit", „Schwarzbandkrankheit" oder „Brown Jelly" (SPRUNG & DELBEEK 1996) auf. Sie gehen auf Symptome zurück, die an Korallen im Riff oder im Aquarium beobachtet wurden. Trotzdem existieren diese Krankheiten nicht als solche, wenngleich dies paradox klingen mag. Es sind Beschreibungen von Symptomen, die vielerlei Ursachen haben können, selbst wenn diese zu dem gleichen Symptombild führen mögen.

„Weißbandkrankheit": Kurz nach dem Absterben des Polypengewebes ist das Skelett weiß, wird aber bald durch Algenwuchs dunkel (linke Hälfte). Das weiße Band wandert langsam nach rechts über die gesunden Korallenpolypen.

Eine Krankheit kann nicht an einem Symptom fixiert werden. Der Gewebeuntergang einer Steinkoralle kann verschiedenste Ursachen haben. Es gibt nicht die „Schwarzbandkrankheit", bei deren Vorhandensein man auf bestimmte Ursachen schließen kann. Ebenso wenig gibt es die „Weißbandkrankheit". Vielmehr führten verschiedenste Abweichungen der Umgebungsfaktoren von den Bedürfnissen der Korallen zum Untergang des Gewebes, das dann opportunistischen Erregern zum Opfer fällt, weil solche Erreger wie auch alle übrigen Organismen im Riff eine ökologische Nische sofort ausnutzen. Es ist richtig, dass bei der „Schwarzbandkrankheit" die Cyanobakterien *Phormidium corallyticum* nachgewiesen wurden (SPRUNG & DELBEEK 1996). Andere Organismen wurden jedoch ebenso nachgewiesen, sowohl Bakterien als auch Algen. Welche Mikroorganismen nachweisbar sind, das hängt unter Umständen größtenteils davon ab, welche zuvor auf der gesunden Koralle bzw. in ihrem jeweiligen Lebensraum präsent waren. Sie können nicht zwangsläufig als Hinweis auf einen bestimmten Krankheitsvorgang gewertet werden.

Massenvermehrung von Mikroorganismen

Über die Rolle vieler Mikroorganismen, die auf zerfallendem Polypengewebe einer Steinkoralle gefunden werden können, weiß man noch sehr wenig. In mancherlei Hinsicht sind wir bezüglich dieser Mikroorganismen in einer ähnlichen Rolle wie die Wissenschaftler des ausgehenden 19. Jahrhunderts, die im Inneren von Tieren einzellige Algen fanden und dabei auf parasitäre Organismen schlossen. Ihr Verständnis der Zusammenhänge, das sich auch in dem Namen *Zoochlorella parasitica* widerspiegelte, den sie diesen Mikroorganismen gaben, ließ keine andere Deutung der Entdeckungen zu. Erst erheblich später wurden diese Interpretationen korrigiert, als Anton de Bary das damals umwälzende Konzept der Symbiose vorlegte. Die einzelligen Algen waren also keine Zellparasiten, sondern, im Gegenteil, die Existenzgrundlage ihres Wirtes. Ihr brandmarkender Name blieb aber bis heute unverändert.

Welche Ursache das partielle Absterben von Polypengewebe bei dieser *Acropora* hat, ist schwer zu ergründen.

Die Ansiedlung von Fremdorganismen auf dem sich zersetzenden Gewebe der Koralle sollte al-so nicht unbedingt als der eigentliche Krankheitsvorgang verstanden werden. Wie auch schon bei dem als „RTN" bezeichneten Symptomenbild müssen wir immer davon ausgehen, dass ein komplexes Krankheitsbild vorliegt, von dem wir möglicherweise nur die allerletzten Anzeichen wahrnehmen. Der Gewebeuntergang einer Steinkoralle – mag er sich nun mit schwärzlichen oder weißlichen Verfärbungen entwickeln – ist nicht die Krankheit selbst, sondern die Folgeerscheinung der Krankheit. Wenn wir die schwärzlichen „Bänder" oder die gelatinösen Schleimansammlungen im nekrotischen Gewebebereich der Koralle für das Problem halten, verschließen wir unser Auge für die tatsächlichen Ursachen, und der Begriff „Schwarzbandkrankheit" wäre in gewisser Hinsicht eine Art „Käseglockendiagnose", die wir über jede Störung stülpen könnten, die mit einem ähnlichen Gewebezerfall einhergeht, ebenso wie manche Humanmediziner, die bei vielen unklaren Beschwerdebildern gern die Diagnose „Vegetative Dystonie" stellen. Die wahren Ursachen der Gesundheitsstörungen bei den Korallen können – im Riff wie im Aquarium – sehr verschiedengestaltiger Natur sein. Raumkonkurrenz mit indirekten Schädigungen durch Sekrete oder Vernesselungen (z. B. durch Kampftentakel benachbarter Korallen, die ggf. nur nachts zu sehen sind) kommen ebenso in Frage wie eine ganze Reihe anderer Faktoren. Selbst Einzelfaktoren, von denen jeder allein von der Koralle vielleicht noch problemlos kompensiert werden würde, könnten in der Summation die Widerstandskräfte des Tiers überfordern. Die Folge wäre unabhängig von den einzelnen Ursachen das Absterben des Korallengewebes und die anschließende Besiedlung mit den allgegenwärtigen opportunistischen Mikroorganismen. Um die wahren Ursachen dieser „Krankheiten" zu ergründen, kommen wir nicht umhin, uns zu bemühen, die Lebensansprüche der Korallen immer besser zu verstehen, um schließlich in jedem Einzelfall gezielt nach den Ursachen suchen zu können.

Da aber die Mikroorganismen bei ihrem Massenauftreten bisweilen auch gesundes Korallen-

Durch absterbendes Polypengewebe frei werdendes Steinkorallenskelett wird schnell von Algen überwachsen

Nicht immer geht das Absterben des Polypengewebes mit erkennbarer Massenvermehrung von Mikroorganismen einher.

und irgendwelchen unnormalen Sekretauflagerungen einher geht, ein Tauchbad in jodhaltigem Meerwasser. Wenn das nicht hilft, dann ist die Behandlung mit einem Antibiotikum ratsam. Beide Maßnahmen wurden auch gegen den plötzlichen Gewebszerfall („RTN") empfohlen und sind dort detailliert beschrieben.

Schwermetallvergiftungen

Wie alle Wirbellosen reagieren Steinkorallen besonders empfindlich auf die Anwesenheit erhöhter Schwermetallkonzentrationen in ihrem Umgebungswasser. Zwar kann man Kupfer oder andere Schwermetalle nicht ohne weiteres als „Gift" bezeichnen, denn in geringster Menge sind viele dieser Elemente für bestimmte physiologische Vorgänge wichtig. Ein Krake beispielsweise verwendet für den Sauerstofftransport in seinem Blut nicht Eisen, wie wir Menschen, sondern Kupfer. Doch auf eine erhöhte Konzentration dieser Substanz im Umgebungswasser reagiert er – wie alle Mollusken – extrem empfindlich,

gewebe schädigen und diese „Infektion" eine Eigendynamik entwickelt, ist eine Behandlung oft hilfreich. Zwar kann sie nicht die Grundursache des Befalls mit Mikroorganismen beseitigen, doch sie kann helfen, Sekundärschäden durch diese Massenvermehrung zu begrenzen. Dazu empfiehlt sich bei einer ernsthaften Beeinträchtigung der Steinkoralle, die mit Gewebezerfall

Diese aquariengewachsenen Steinkorallen fielen einer defekten Strömungspumpe zum Opfer...

...die das Wasser über einen längeren Zeitraum mit Kupfer-Ionen anreicherte.

denn schon eine schwach erhöhte Konzentration kann ihn töten. Schon Paracelsus stellte fest: „Allein die Dosis macht das Gift", und wie recht er damit hatte, sehen wir allein schon an der Tatsache, dass die Anreicherung des lebenswichtigen Sauerstoffs in Form toxischer Sauerstoffradikale im Polypengewebe einer Koralle zu einer regelrechten „Sauerstoffvergiftung" führen kann.

Bereits leicht erhöhte Konzentrationen von Kupfer, Zink oder anderen Schwermetallen stören physiologische Vorgänge im Gewebe der Korallenpolypen, und sie sterben ab. Das bemerkenswerte dabei ist, dass bei langsam steigender Konzentration eines solchen toxisch wirkenden Schwermetalls die einzelnen Familien bzw. Gattungen von Steinkorallen nicht gleichzeitig Symptome entwickeln, sondern nacheinander, weil ihre Toleranzschwelle für die jeweilige Substanz unterschiedlich hoch liegt (KNOP 1997). Generell lässt sich sagen, dass vor der ersten Steinkoralle sehr wahrscheinlich Mollusken absterben, beispielsweise Riesenmuscheln. Darum ist es gut, Mollusken als „Indikatortiere" im Becken zu haben. Unter den Steinkorallen reagieren vor allem die extrem schnellwüchsigen Gattungen wie *Pocillopora*, *Acropora* und *Montipora* sowie andere SPS-Arten besonders empfindlich. Bei

großpolypigen Arten („LPS") dauert es in der Regel länger, bis man Befindlichkeitsstörungen entdeckt, und auch die Zeit, die vom ersten Auftreten einer erkennbaren Störung bis zum Absterben des Korallenstocks vergeht, ist bei LPS-Arten allgemein länger, während SPS-Arten meist sehr schnell irreversibel geschädigt sind und nach dem Auftreten erster Symptome kaum noch gerettet werden können.

Die Ursachen für einen Schwermetalleintrag sind vielfältig und reichen über das Leitungswasser (z. B. Kupferrohre) und technische Aggregate (Strömungspumpen mit Metallteilen, die gewollt oder ungewollt Wasserkontakt haben) bis zu Metallgegenständen, die unbemerkt in das Wasser gelangt sind (Schrauben, Münzen etc.). Hat man den begründeten Verdacht auf eine Schwermetallvergiftung im Steinkorallenaquarium, dann muss eine sehr systematische Suche nach der möglichen Ursache durchgeführt werden, die alle technischen Aggregate einschließt. Dazu werden Pumpen ebenso geprüft wie Kühlaggregate, einzelne Befestigungsteile (auch V2A-Stahl oxidiert im Salzwasser!) oder Wasserleitungen aus Kupfer. Selbst Metalleinschlüsse im Dekorationsgestein können für Schwermetallverunreinigungen des Meerwassers verantwortlich sein, so dass man in Problemfälle mit unauffindbarer Ursache nicht daran vorbei kommt, prophylaktisch das Dekorationsgestein auszutauschen.

Was tun bei Schwermetallvergiftungen im Riffaquarium?

Zu den ersten und wichtigsten Gegenmaßnahmen gehören eine verstärkte Abschäumung und eine Kohlefilterung, wenngleich natürlich nicht alle Metallionen auf diese Weise aus dem Wasser entfernt werden. Nach einen großen Teilwasserwechsel kann dann versucht werden, im Wasser verbliebene Schwermetallionen und Niederschläge auf Bodengrund und Gestein zu neutralisieren oder zu entfernen. Hierzu gibt es mehrere Möglichkeiten:

1. Das Einfachste ist der Einsatz eines bestimmten Ionenaustauscher-Harzes. Dieses chelierende Kunstharz namens „Chelex", das prinzipiell den Ionenaustauschern bei der Teil- oder Vollentsalzung ähnelt, wird normalerweise von Ozeanografen eingesetzt, um den Gehalt an elementaren Metallen im Meerwasser zu bestimmen. Die Harze binden die Metalle und werden später mit Hilfe von Säuren von den Harzen gelöst. Die so hergestellte Lösung wird dann untersucht und liefert präzisere Ergebnisse, als die Untersuchung von Meerwasser, weil die Messung nicht von anderen Elementen – etwa Natrium – gestört werden kann. Solche Harze, die zwei- und dreiwertige Kationen binden, sind im aquaristischen Handel aber in der Regel nicht erhältlich.

2. Eine weitere Möglichkeit, Metallverbindungen aus dem Wasser zu entfernen, sind die Harze, die in der Aquaristik eingesetzt werden, um selektiv bestimmte Kationen zu binden, z. B. Kupfer, Silber oder Quecksilber. Diese Harze haben ein begrenztes Anwendungsspektrum, sind aber vor allem bei Kupfer sehr wirksam.

3. Während die metallischen Kationen im freien Wasser durch die beschriebenen Ionenaustauscher gebunden werden können, ist für diejenigen Metalle, die in anionischen Verbindungen auftreten, ein anderes Verfahren nötig. Hierzu bringt man Aluminiumoxid in das Wasser, das Phosphat adsorbiert. Da bestimmte Metalle, die in Stahllegierungen häufig zu finden sind (Molybdän, Vanadium), in gelöstem Zustand große Ähnlichkeit mit Phosphat haben, werden diese ebenfalls gebunden (CRAIG BINGMAN, pers. Hinw.).

4. Eine andere Option, Metalle im Riffaquarium zu binden, ist der Einsatz von EDTA (ethylene diamine tetracetic acid) oder Natriumthiosulfat. Diese Substanzen sind in der Regel in Aquarien-Wasseraufbereitern enthalten und binden die Metallionen sehr effektiv. Vorteil dieser Methode ist, dass man in gewissem Rahmen auch die Niederschläge auf Gestein und Bodengrund erreicht. Problematisch ist lediglich, dass die Metalle nicht aus dem Wasser entfernt werden, wie dies bei den Harzen der Fall ist.

Keinesfalls sollte man jedoch beide Wege gehen und sowohl EDTA als auch Ionenaustauscherharze gleichzeitig zur Schwermetallentfernung im Riffaquarium einsetzen. EDTA hilft zwar schnell, indem es die Ionen bindet und somit den Aquarienbewohnern Erleichterung bringt, doch die so gebundenen Metallionen können dann von einem Ionenaustauscherharz nicht mehr ohne weiteres erreicht werden. Die zwei Methoden behindern sich also gegenseitig.

Sinken des pH-Wertes vermeiden

Grundsätzlich sollte man bei schwermetallbelastetem Wasser den pH-Wert des Aquariums oberhalb von 8,3 halten. Der Grund für diese Empfehlung ist sehr einfach: Untersuchungen in besonders stark verschmutzten marinen Biotopen haben gezeigt, dass zahlreiche Schwermetalle bei höheren pH-Werten unlösliche Verbindungen eingehen. Selbst stärkste Verunreinigungen des

Ein Riffaquarium mit einer Schwermetallvergiftung durch eine defekte Strömungspumpe; fast alle Steinkorallen waren zum Zeitpunkt der Aufnahme bereits abgestorben, und die Weichkorallen zeigen erste Vergiftungserscheinungen.

Meerwassers mit Hochofen-Schlacke (As, Pb, Ag, Fe, Hg, Mo, Sr und Ni) hatten dort, wo der pH-Wert des Meerwassers bei 8,3 oder darüber lag, keinen erkennbaren Einfluss auf die Gesundheit der Wirbellosen, so dass sich eine große Artenvielfalt entwickeln konnte. Dort jedoch, wo der pH-Wert bei 8,2 oder darunter lag, waren die Beimengungen absolut tödlich für die sessilen Wirbellosen (RON SHIMEK, pers. Hinw.).

Bohralgen

Auch für Bohralgen gilt das oben Erwähnte, denn ein massiver Befall mit Bohralgen ist in der Regel nicht die Ursache eines Problems, sondern seine Folge. Wie kommt es, dass das Skelett der einen Steinkoralle im Aquarium von Bohralgen befallen wird, das einer anderen aber nicht? Die physiologischen Vorgänge in einem Korallenpolypen bzw. einem Korallenstock sind so vielgestaltig, dass man keine allgemein gültige Ant-

wort auf die Frage nach der Ursache für einen Bohralgenbefall geben kann. Mann weiß, dass es sich dabei in der Regel um Algen der Gattung *Ostreobium* handelt, doch die Untersuchung und Bestimmung der Algen hilft nicht weiter, denn wenn man ihren wissenschaftlichen Namen kennt, dann ist man der Ursache des Befalls noch immer nicht näher gekommen. Normalerweise gehen dem Bohralgenbefall degenerative Prozesse im vitalen Gewebe der Koralle voraus, die meist auch bereits zu Gewebedegression (Rückbildung des Gewebes) geführt haben, so dass ein unnatürlich großer Anteil des Kalkskelettes frei liegt. Eine gesunde und vitale Koralle wird in aller Regel keinen pathologischen Befall mit Bohralgen entwickeln.

Aber auch die Frage, was den Befall des Steinkorallenskelettes mit Bohralgen zu einem pathologischen Vorgang macht, wäre zu klären. In diesen Skeletten findet man neben Rot- und Grünalgen auch Bakterien, Pilze, Schwämme, Mollus-

Bohralgen im Steinkorallenskelett - Ursache eines Problems oder Folge?

ken, Bryozoen, Polychaeten und Sipunculiden (SCHLICHTER et al. 1997). Die meisten davon mögen unerwünschte Bewohner sein, die keine „Miete" zahlen. Doch SCHLICHTER et al. (1995) wiesen für mehrere Steinkorallenarten einen Transfer von Photoassimilaten der Bohralgen *Ostreobium quekettii* nach, also einen „Transport" von Energie, die aus der Photosynthese der Bohralgen stammt. Korallen wie *Tubastrea micrantha* oder *Leptoseris fragilis* sind also dazu in der Lage, aus der photosynthetischen Aktivität der „Gäste" in ihrem Skelett einen Vorteil zu ziehen. Zwar ist dieser mit 5 - 7 % des gesamten Kohlenstoffbedarfs der Koralle recht bescheiden, doch andererseits weiß man auch, dass die Biomasse der endolithischen Fauna und Flora, also der bohrenden Organismen im Skelett von Steinkorallen, bis zu 16 Mal (!) größer sein kann, als die kombinierte Biomasse aus Korallengewebe und Symbiosealgen (ODUM & ODUM, 1955). Bei kritischer Betrachtung stellt sich also die Frage, ob es sich beim Befall mit bohrenden Organismen

wirklich immer um einen pathologischen, also mit krankhaften Prozessen einhergehenden, Vorgang handeln muss. Wäre es nicht denkbar, dass in weitaus mehr Fällen als bisher angenommen eine symbiotische Beziehung zwischen dem Wirt „Koralle" und einigen seiner endolithischen „Untermieter" besteht, deren physiologische Steuerungsmechanismen im Aquarium einfach in vielen Fällen nicht zustande kommen, beispielsweise wegen irgendwelcher mineralischer Defizite? Vielleicht ist ein erfolgreiches Zustandekommen einer solchen symbiotischen Beziehung sogar eine Erklärung dafür, warum manche großpolypige Steinkorallen sich in bestimmten Aquarien über viele Jahre hinaus prächtig entwickeln (z. B. SIEGEL 2002) und großes Wachstum zeigen, während die gleiche Art in anderen Aquarien degeneriert. Zugegeben, diese Gedankengänge haben rein hypothetischen Charakter, doch es ist denkbar, dass in diesem Bereich die Antwort auf viele Fragen liegt, die in der Aquaristik noch ungelöst sind.

Zunächst aber bleibt uns Aquarianern nichts anderes übrig, als darauf zu achten, dass die Korallen in gutem und gesundem Zustand bleiben. Dies gilt ganz besonders für die LPS-Korallen, deren Skelette besonders oft unter einem Massenbefall mit Bohralgen leiden, aber letztlich auch für alle anderen Steinkorallen, denn selbst kleinpolypige Arten bleiben davon bisweilen nicht verschont. Dabei spielt vor allem der Ernährungszustand eine wichtige Rolle. Steinkorallen, die Zusatznahrung annehmen, sollten auch regelmäßig gefüttert werden. Ein weiterer wichtiger Punkt ist die Vitaminversorgung. Während in kleinen Aquarien mit vertretbarem Aufwand das gesamte Aquarienwasser mit einer Multivitaminlösung angereichert werden kann, muss man in größeren Becken die Tiere über die Zusatzfütterung mit Vitaminen versorgen. Das sollte jedoch regelmäßig geschehen, z. B. einmal pro Woche.

Parasiten und Fressfeinde von Steinkorallen

Steinkorallen werden wie andere Wirbellose gelegentlich von parasitären Organismen heimgesucht. Oft ist es dabei schwer, zwischen einer Parasitose und anderen Lebensformen zu unterscheiden, und es ist in der Riffaquaristik zweifellos zur Gewohnheit geworden, unerwünschte Fressfeinde einer Wirbellosenart, die man im Aquarium pflegen möchte, als „Parasiten" zu bezeichnen. Damit wird man jedoch der Sache nicht gerecht, denn dann müsste man auch das Algenfressen der Seeigel als „Algen-Parasitismus" bezeichnen. Oft handelt es sich einfach nur um die natürliche Nahrungsaufnahme eines Tieres, das im Aquarium nicht erwünscht ist, weil das betreffende Tier die gleichen Korallen mag wie wir, wenngleich auch mit anderen Motiven. Ein *Gobiodon okinawae*, der ab und zu einen Polypen seiner *Acropora*-Koralle frisst, wird dadurch ebensowenig zum *Acropora*-Parasiten wie ein *Amphiprion ocellaris*, der gelegentlich einen Tentakel seiner Wirtsanemone verzehrt.

Ganz unzweifelhaft ist allerdings die Beziehung vieler Falter-, Papageien- und anderer Korallenfische zu Steinkorallen: sie betrachten sie als Teil ihrer Nahrung. Darum werden diese Fische grundsätzlich im Riffaquarium gemieden, nicht nur dort, wo Steinkorallen gepflegt werden, sondern auch im Weichkorallenaquarium. Deshalb gelten für den Aquarianer, der an Steinkorallen interessiert ist, bei der Auswahl seines Fischbesatzes die gleichen Regeln wie in der allgemeinen Riffaquaristik. Doch es gibt auch Fressfeinde, die unsere Steinkorallen nur notgedrungen auf ihren Speiseplan nehmen, wenn ihnen andere Nahrung fehlt. Ein Beispiel dafür sind möglicherweise (die Schilderungen beruhen auf Aquarienbeobachtungen und sind noch etwas unsicher) die Seesterne der Gattung *Asterina,* von denen wenigstens zwei Arten im Riffaquarium anzutreffen sind. Sie ernähren sich nach bisherigen Erkenntnissen primär von Algen- und Bakterienrasen. Offensichtlich bevorzugen sie zwar Algenrasen, doch wenn davon nicht genügend vorhanden sind und sogar Kalkalgen fehlen, dann können sie auch in Dunkelzonen Bakterienrasen von der Oberfläche der Steine (oder Glasscheiben) abweiden. Notfalls fressen sie, wie man in kleinen Isolierbecken leicht beobachten kann, auch proteinhaltige Ablagerungen an der Wasseroberfläche („Kahmhaut"). Es sind also echte Opportunisten, die viele unterschiedliche Nahrungsquellen nutzen, allem Anschein nach aber den Algenbelägen – soweit verfügbar – den Vorzug geben.

Da im Aquarium natürliche Fressfeinde dieser Seesterne in der Regel fehlen, kann es bei ausreichendem Nahrungsangebot zu einer Massenvermehrung kommen, ganz ähnlich wie bei Turbellarien, Borstenwürmern, Glasrosen und vielen anderen Organismen. Das wird durch die vegetative Vermehrungsweise dieser Gänsefuß-Seesterne gefördert, denn sie können sich teilen und anschließend die fehlenden Körperstrukturen ersetzen. Dazu schnürt sich ein solches Exemplar mittig leicht ein, so dass zwei „Hälften" mit je zwei oder drei Armen entstehen. Diese „Hälften" marschieren dann innerhalb von rund 15 Minuten in entgegengesetzte Richtungen und

Über die Korallenverträglichkeit der kleinen Gänsefuß-
Seesterne aus der Gattung *Asterina*, die sich in vielen
Aquarien vegetativ vermehren, gibt es sehr unterschiedliche
Berichte. Wenigstens zwei Arten sind in Riffaquarien zu
finden: die dunkleren Exemplare (rechts) und die helleren
(links)

Wenn die natürliche Nahrung fehlt, werden Seesterne der
Gattung *Asterina* einfallsreich.

Zur Teilung schnürt sich ein Seestern mittig ein, und die zwei „Hälften" marschieren in entgegengesetzte Richtungen.

Wer an den Aquarienscheiben häufig die Eigelege der
algenfressenden Gehäuseschnecke *Euplica versicolor* findet,
sollte die um Algennahrung konkurrierenden Gänsefuß-
Seesternchen der Gattung *Asterina* im Auge behalten,
weil sie dann möglicherweise beginnen, sich für
Steinkorallen zu interessieren.

Die winzige Gehäuseschnecke *Euplica versicolor* wird für die Gänsefuß-Seesternchen leicht zur Nahrungskonkurrenz, was diese dann möglicherweise dazu veranlasst, auch das Gewebe von Steinkorallen zu fressen.

zerreißen die verbindenden Gewebestrukturen regelrecht. Anschließend verbleiben sie längere Zeit – oft tagelang – an der gleichen Stelle, mit nur wenigen Zentimetern Abstand zueinander. Durch diese Vermehrung bilden sich relativ schnell große Populationen. Dann wird für die kleinen Gänsefuß-Seesternchen allerdings bald die Nahrung knapp, und sie zeigen ein Ernährungsverhalten, das von der enormen Nahrungskonkurrenz geprägt ist. Hier kommt es dann zu einer Erweiterung des Speisezettels – sie sind eben wahre Überlebenskünstler – und es ist denkbar, dass sie sich dann auch an Korallen vergreifen. Ich selbst habe dies noch nicht beobachtet und es auch experimentell mit 60 Exemplaren in einem meerwassergefüllten 12-Liter-Aquarium, in das nach einer Hungerperiode unterschiedliche Korallenstöcke eingesetzt wurden, nicht auslösen können, doch R. BAUR-KRUPPAS (BAUR-KRUPPAS 2002 und pers. Hinw.) hat davon berichtet.

Auf lebendem Polypengewebe einer Steinkoralle konnte ich sie noch nicht finden, und Fraßspuren oder anderes, was auf eine Schädigung von Korallen hinweisen könnte, waren in meinen Aquarien nie zu entdecken. Natürlich ist nicht ausgeschlossen, dass diese Tierchen irgendwann auch Appetit auf das Gewebe bestimmter Steinkorallen entwickeln könnten, beispielsweise wenn ihnen konkurrierende herbivore Schnecken die Algen-Nahrungsgrundlage entziehen (was oft durch die winzigen Gehäuseschnecken *Euplica versicolor* geschieht), denn dann werden die Seesterne natürlich einfallsreich und kompromissbereit. Doch hier kann man dann nicht mehr von einem natürlichen Ernährungsverhalten sprechen. Darum ist nicht grundsätzlich etwas gegen diese Seesternchen im Riffaquarium zu sagen. Nur eine Massenvermehrung wird möglicherweise zu einer Belastung, ebenso wie bei Turbellarien oder anderen Aquariengästen.

Der Dornenkronen-Seestern *Acanthaster planci* hat sich auf das Fressen des Polypengewebes von Steinkorallen spezialisiert

Zur Kontrolle eignet sich die Harlekingarnele *Hymenocera picta*, die sich ausschließlich von Seesternen ernährt. Allerdings sollte diese Garnele nicht als „Mittel zum Zweck" betrachtet und einzeln in das Aquarium gesetzt werden, damit sie sich ausschließlich von den kleinen Gänsefuß-Seesternchen ernährt. *Hymenocera picta* lebt paarweise und bleibt lebenslang monogam, so dass an sie unbedingt als Paar halten sollte (E. THALER, pers. Hinw.). Außerdem ist für die gesunde Entwicklung dieser Garnelen auch bei reichhaltiger *Asterina*-Kost gelegentlich ein anderer, größerer Seestern nötig. Und, schließlich müssen wir uns beim Einsetzen eines Pärchens Harlekingarnelen auch darüber Gedanken machen, wie wir sie ernähren, wenn die Gänsefuß-Seesterne allesamt aufgefressen sind.

Diese kleinen Seesterne können aber nicht als Parasiten bezeichnet werden, Dasselbe gilt für zahlreiche andere Tiere, die im Aquarium nicht ihre natürliche Nahrung in ausreichender Menge finden und durch diese Zwangsdiät zu Korallenfressern werden können. In einem meiner Artenbecken wurden sechs Grüne Schlangensterne (*Ophioarachna incrassata*) bei Mangelernährung sogar schon zu ausgeprägten Borstenwurm-Liebhabern, die sich mit wildem Getümmel auf jeden Anneliden stürzten, der in das Aquarium gelegt wurde. Ganz ähnlich verhalten sich viele Fische, denen natürliche Nahrung oder Artgenossen fehlen. Hier entwickeln sich bisweilen Verhaltensweisen, die nicht arttypisch und darum auch nur in wenigen Fällen zu beobachten sind, beispielsweise ein geradezu neurotisch anmutendes Herumzupfen an Polypen einer bestimmten Steinkoralle bei jedem Vorbeischwimmen. Wer ein solches Problem hat, sollte zunächst erst einmal versuchen, den Fisch besonders üppig und abwechslungsreich zu ernähren, denn oft lässt es sich dadurch lösen oder

In jedem natürlichen Lebensraum, wie auch in diesem
Korallenriff, hat jeder parasitär lebende Organismus
Fressfeinde, die seine Vermehrung begrenzen.

Rankenfüßer der Klasse Cirripedia leben oft unbemerkt in den Korallen unserer Aquarien.

zumindest begrenzen. In einem solchen Fall von „Parasitismus" zu sprechen wäre völlig verkehrt, denn dann müsste man uns Menschen auch als Rinder- bzw. Schweineparasiten bezeichnen.

Echte Steinkorallenspezialisten unter den Seesternen sind hingegen die Dornenkronen-Seesterne der Gattung *Acanthaster*. Ihre Zahl nimmt in vielen Korallenriffen drastisch zu, seit man massiv begonnen hat, ihren natürlichen Fressfeind – die große Triton-Gehäuseschnecke *Charonia tritonis* – für den Kuriositätenhandel zu sammeln. Diese Schnecke ist vielerorts kaum noch zu finden, und naturgemäß kann der steinkorallenfressende Dornenkronen-Seestern *Acanthaster planci* infolge des fehlenden Fressfeinddruckes unnatürlich hohe Populationsgrößen bilden. Hier spielt sich dann im Riff etwas ab, das sehr viel Gemeinsamkeit mit dem Geschehen in manchem Riffbecken hat, wo sich bestimmte Organismen aus dem gleichen Grund übermäßig stark vermehren und dann den Korallen schaden. Das zeigt auch eindrucksvoll, welch gutes Lehrinstrument ein Riffaquarium ist, wenn es darum geht, die ökologischen Konsequenzen vom Menschen verursachter Populationsverschiebungen im Tierreich zu studieren. Glücklicherweise sind die Dornenkronen-Seesterne im Aquarium nicht anzutreffen.

Wie zu Beginn des Buches bereits erwähnt lebt auf Steinkorallen eine ganze Reihe von Kom-

mensalen. Einige davon tauchen auch im Riffbecken auf und sind eine echte Bereicherung des Lebensraumes Aquarium. Neben Röhrenwürmern, Muscheln oder Einsiedlerkrebsen und Anderen finden wir an Steinkorallen – vor allem an der Unterseite astbildender Arten – gelegentlich Gruppen von Seepocken, die sich in das Skelett der Koralle hineingebohrt haben und nur ihre Cirrenfüße herausstrecken. Bei diesen Vertretern der Familie Pygomatidae handelt es sich um Rankenfüßer der Klasse Cirripedia, harmlose Suspensionsfresser, die ihre Füße zu Plankton-Greiffächern umgestaltet haben und damit in regelmäßigem Rhythmus versuchen, nahrhafte Partikel aus dem Wasser seihen. Das ist nur ein Beispiel für Kommensalen, die im Steinkorallenaquarium leben können, ohne dass wir davon Notiz nehmen. Zahlreiche andere Lebensformen nutzen die Koralle als Vehikel, um in unser Aquarium zu gelangen, und wir sollten keinesfalls Or-

Nicht alle Turbellarien, die auf Steinkorallen zu finden sind, leben parasitär. Oft handelt es sich nur um lästige Kommensalen, wie möglicherweise auch bei diesen, die in einem philippinischen Riff auf einer Blasenkoralle *Plerogyra* sp. gefunden wurden.

Dieser ca. 3 mm lange Plattwurm kann sich der braunen Farbe eines *Acropora*-Stockes anpassen, indem er den braun pigmentierten Rand seines Körpers nach oben umschlägt.

Befindet sich der Plattwurm auf weißem Untergrund, dann legt er sich flach auf den Boden, so dass seine weiße Oberseite zu sehen ist.

Dieses Eigelege der Turbellarien maß insgesamt nur drei Millimeter und war mit bloßem Auge schwer zu sehen

ganismen, die uns unbekannt sind, aus Furcht vor parasitärem Verhalten abtöten oder entfernen. Jede marine Lebensgemeinschaft, die wir im Aquarium etablieren können, ist etwas Kostbares, sofern sie stabil ist und alle Beteiligten in ihr existieren können.

Parasitäre Turbellarien

In letzter Zeit sind aber in vielen Riffaquarien auch Organismen aufgetaucht, die durchaus dazu in der Lage sind, ganze Korallenstöcke – mit-

hin sogar einen ganzen Aquarienbesatz an Korallen – zu vernichten. Dabei handelt es sich vor allem um Plattwürmer, deren Artzugehörigkeit bisher noch nicht identifiziert werden konnte. FRANK FRICKE berichtete darüber in KORALLE 3. Das ursächliche Problem dieses Massenbefalls sind allerdings weniger die Turbellarien selbst, sondern eher der Hang zur Monokultur, den manche Aquarianer entwickelt haben, denn diese Turbellarien sind gattungsspezifisch. Zumindest sind nach bisherigen Beobachtungen im Aquarium nur *Acropora*-Arten befallen worden.

Infolge der häufigeren Aquarienhaltung von Steinkorallen wurden in den 90er-Jahren mehr und mehr *Acropora*-Arten aus tropischen Korallen-Riffen nach Europa und Amerika exportiert, und mit ihnen ab und zu auch parasitäre Turbellarien, deren Fressfeinde dann im Aquarium fehlten.

Hinzu kommt das Fehlen von Fressfeinden im Aquarium, die unter natürlichen Lebensbedingungen in einem biologisch intakten Korallenriff eine solche Massenvermehrung der Turbellarien verhindern können. Oft reichte allein die Anwesenheit einer Symbiosekrabbe bereits aus, um den Befall zu verhindern (R. BAUR-KRUPPAS, pers. Hinw.).

Der Befall mit solchen Turbellarien äußert sich in einem frühen Stadium zunächst dadurch, dass die Polypen des betreffenden Korallenstockes sich nicht öffnen. In der Folgezeit verliert die Koralle einen Teil ihrer bräunlichen Färbung und verblasst, ohne jedoch vollständig auszubleichen (FRICKE 2000). In diesem Stadium sollte bereits nach Eigelegen der Turbellarien gefahndet werden, die sich möglicherweise an der Unterseite des Korallenstockes befinden. Sie sind allerdings so winzig, dass sie kaum wahrnehmbar sind und nur bei einer gezielten Suche auffallen. In späteren Befallsstadien findet man dann zahlreiche Plattwürmer auf der Koralle. FRICKE zählte auf Acropora-Stöcken mit ca. 10 cm Durchmesser 50 - 100 Exemplare, die sich am Boden eines Eimers fanden, in dem die betreffende Koralle behandelt wurde.

FRICKE hat bei verschiedenen Lippfischen Interesse an den Turbellarien festgestellt, doch die Massenvermehrung ließ sich auf diese Weise nicht begrenzen. Zur Behandlung empfiehlt er, befallene Korallenstöcke entweder mit dem Breitspektrum-Anthelminthikum Concurat-L (Wirkstoff Levamisolhydrochlorid, rezeptpflichtig) oder mit Polysept-Lösung (Wirk-

Ein Aquarium, das „*Tubastrea*-Geschichte" geschrieben hat: Daniela Stettler zog in diesem Riffbecken erstmals aus einer winzigen Polypengruppe der als kaum aquarienhaltbar geltenden Gattung *Tubastrea* (*Dendrophyllia?*) mehrere große Stöcke heran. Regelmäßige Fütterung ist das Geheimnis. Foto: D. und E. Stettler

stoff Povidon-Jod, rezeptfrei) zu behandeln. MICHAEL MRUTZEK berichtete über eigene Erfolge mit Concurat-L (2000 A) bzw. Povidon-Jod (2000 B).

Tauchbad mit Concurat-L:

5 l Aquarienwasser in einen Eimer füllen, 7,5 g Concurat-L 10 % einstreuen und gut verrühren. Die Korallenstöcke sollen 60 - 90 min in der Lösung verbleiben und währenddessen wiederholt geschwenkt und bewegt werden. Anschließend wird der Korallenstock in einem zweiten Eimer gründlich mit Aquarienwasser gespült und nach vorhandenen Eigelegen abgesucht. Diese Eigele-

ge besitzen einen Durchmesser von 2 - 3 mm, so dass ein Vergrößerungsglas empfehlenswert ist. Die Behandlung soll nach fünf bis sieben Tagen wiederholt werden.

Tauchbad mit Povidonjod:

5 l Aquarienwasser in einen Eimer füllen, 10 ml Polysept-Lösung eingießen und gut vermischen. Die Korallenstöcke sollen 5 min in der Lösung verbleiben und währenddessen wiederholt geschwenkt und bewegt werden. Anschließend wird der Korallenstock in einem zweiten Eimer gründlich mit Aquarienwasser gespült und nach Eigelegen abgesucht.

Diese kleinen Koralleninseln in Indonesien, die nur aus
einem Korallensaum und einer Lagune bestehen, sind jeweils
eine kleine Welt für sich.

BAUR-KRUPPAS, R. & M. KRUPPAS (2001): T5-Leuchtstofflampen – Riffaquarienbeleuchtung der Zukunft? KORALLE 12 – (2002): Wenn Seesterne zur Plage werden..., Internet: http://www.Korallenriff.de/seesternschaden.html

CARL, M. (2001): Räuberische Hirnkoralle. KORALLE 11

DELBEEK, J. C. (2001): Nichtphotosynthetische Weichkorallen im Aquarium. KORALLE 12 S. 32 ff

GEERTSMA, F. (2001): Das Schlammfilteraquarium – Eine neue Riffaquaristik-Methode. KORALLE 8 S. 73

FOSSA, S. & A. NILSEN (1995): Korallenriff-Aquarium, Band 4. Schmettkamp-Verlag, Bornheim

FRICKE, F. (2000): Parasitäre Plattwürmer auf Acropora-Korallen. KORALLE 3

GOREAU, T. F. (1961): Problems of growth and calcium deposition in reef corals. Endeavour 20: 32-39

JAUCH, D. (1988): Natural living conditions of sessile marine invertebrates of the Gulf of Aqaba (Gulf of Eilat) with regards to their being kept in an aquarium. Bull. de Oceanographique, Monaco, No. special 5 :187-193

JOKIEL, P. L. & R. H. YORK JR. (1982): Solar ultraviolet photobiology of the reef coral Pocillopora damicornis and symbiotic zooxanthellae. Bull. Mar. Sci. (32):301-315

KINZIE, R., P., R. JOKIEL & R. YORK (1984): Effects of light of altered spectral composition on coral zooxanthellae associations and on zooxanthellae in vitro. Marine Biology, 78: 239-248

KNOP, D. (1994): Riesenmuscheln. Dähne-Verlag, Ettlingen
– 1997): Rotierende Zeitbomben – Metallvergiftung durch Umwälzpumpen. DATZ 7/1997 S. 430 – 434
– (1998): Riffaquaristik für Einsteiger. Dähne Verlag, Ettlingen, S. 94 – 105
– (1999): Aquarienbeleuchtung – Süßwasser- und Meerwasserbiotope im richtigen Licht. Dähne-Verlag, Ettlingen
– (2001A): Aquarienporträts – Riffaquarien aus aller Welt. Dähne Verlag, Ettlingen, S. 106 ff
– (2001B): Krabben im Riffaquarium – Fluch oder Segen? DATZ 2/2001 S. 30-31

KRAUSE, H-J. (1997), Handbuch Aquarientechnik, Bede Verlag, Ruhmannsfelden

MRUTZEK, M. (2000A): Das Aquarium, Heft 371, Mai 2000, Schmettkamp-Verlag, Bornheim
– (2000B): Das Aquarium, Heft 375, September 2000, Schmettkamp-Verlag, Bornheim

ODUM, H. T & E. P. ODUM (1955): Ecol. Monogr. 25. 291

PALETTA, M. (2001): Schlammfilteraquarium – Erfahrungen und technische Details. KORALLE 9 S. 80

PETERSEN, D. (1999): Vortrag 5. Internationale Meerwassersymposium in Bochum

PETERSEN, D. & R. TOLLRIAN (2001): Methods to enhance sexual recruitment for restoration of damaged reefs. Bull Mar Sci 69 (2): 989 – 1000

SAUER, K., 1989; Richtige Aquarien- und Terrarienbeleuchtung, Engelbert Pfriem-Verlag, Wuppertal (vergriffen)

SCHLICHTER, D & B. ZSCHARNACK, H. KRISCH (1995): Transfer of Photoassimilates from Endolithic Algae to Coral Tissue. Naturwissenschaften 82, 561 – 564

SCHLICHTER, D & H. KAMPMANN, S. CONRADY (1997): Trophic Potential and Photoecology of Endolithic Algae Living within Coral Skeletons. Marine Ecology 18 (4): 299-317

SCHLICHTER, D & H. W. FRICKE (1990): Coral Host improves Photosynthesis of Endosymbiotoc algae. Naturwissenschaften 77, 447 – 450

SIEGEL, T. (2002): American reefkeeping Perspectives - Euphyllia. KORALLE 13

SOMMER, U. (1998): Biologische Meereskunde, Springer-Verlag, Heidelberg

SPRUNG, J. & J. C. DELBEEK (1996): Das Riffaquarium, Band 1, Dähne-Verlag, Ettlingen

Im oberen Bereich dieses Saumriffes in Indonesien ist die Artenvielfalt der Steinkorallen gering, und je weiter man am Riffhang hinabtaucht, um so größer wird die Artenzahl.

Stichwortverzeichnis

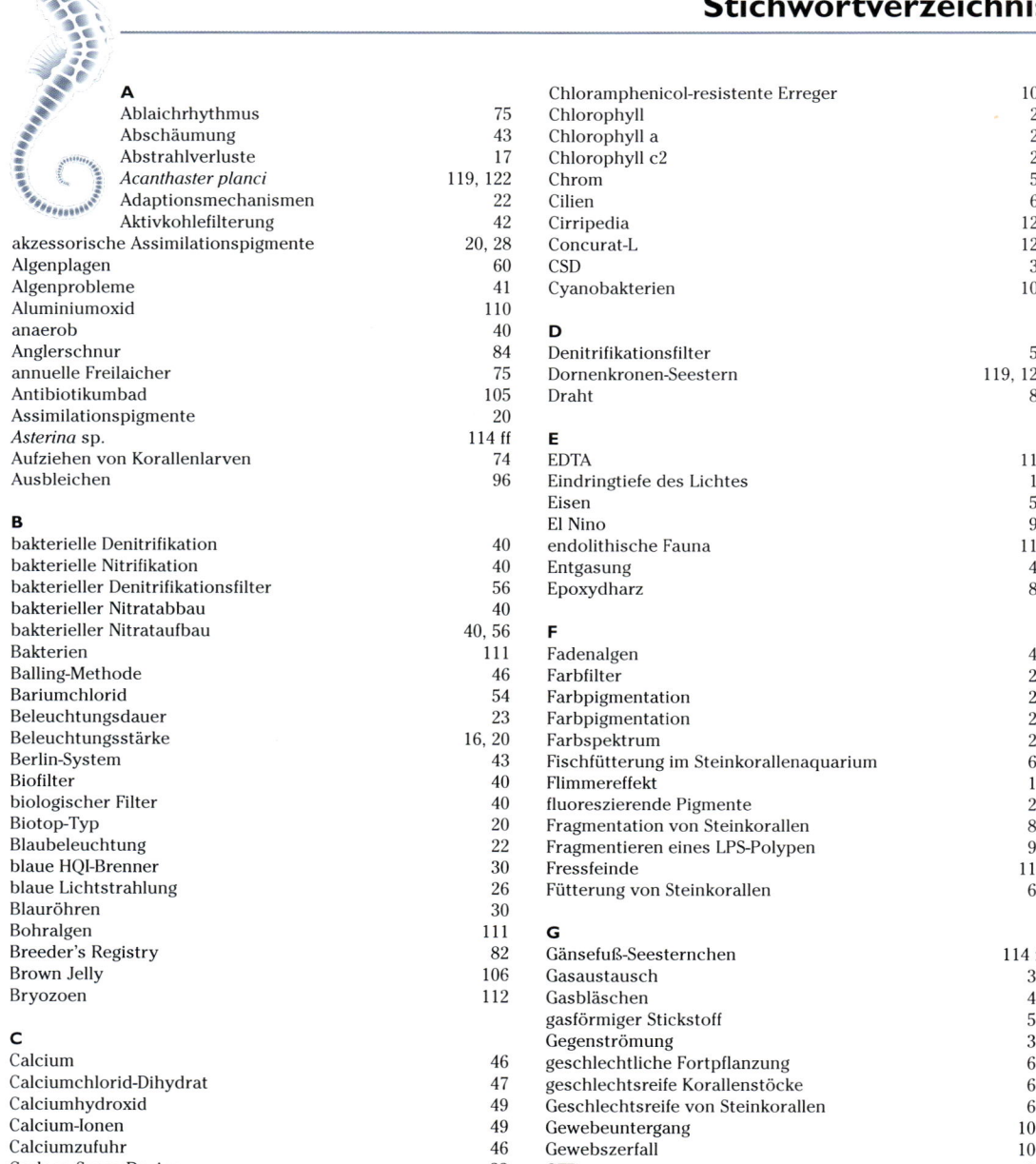

A

Ablaichrhythmus	75
Abschäumung	43
Abstrahlverluste	17
Acanthaster planci	119, 122
Adaptionsmechanismen	22
Aktivkohlefilterung	42
akzessorische Assimilationspigmente	20, 28
Algenplagen	60
Algenprobleme	41
Aluminiumoxid	110
anaerob	40
Anglerschnur	84
annuelle Freilaicher	75
Antibiotikumbad	105
Assimilationspigmente	20
Asterina sp.	114 ff
Aufziehen von Korallenlarven	74
Ausbleichen	96

B

bakterielle Denitrifikation	40
bakterielle Nitrifikation	40
bakterieller Denitrifikationsfilter	56
bakterieller Nitratabbau	40
bakterieller Nitrataufbau	40, 56
Bakterien	111
Balling-Methode	46
Bariumchlorid	54
Beleuchtungsdauer	23
Beleuchtungsstärke	16, 20
Berlin-System	43
Biofilter	40
biologischer Filter	40
Biotop-Typ	20
Blaubeleuchtung	22
blaue HQI-Brenner	30
blaue Lichtstrahlung	26
Blauröhren	30
Bohralgen	111
Breeder's Registry	82
Brown Jelly	106
Bryozoen	112

C

Calcium	46
Calciumchlorid-Dihydrat	47
Calciumhydroxid	49
Calcium-Ionen	49
Calciumzufuhr	46
Carlson Surge Device	33
Charonia tritonis	122
Chloramphenicol-Behandlung	105

Chloramphenicol-resistente Erreger	105
Chlorophyll	22
Chlorophyll a	28
Chlorophyll c2	28
Chrom	54
Cilien	68
Cirripedia	122
Concurat-L	127
CSD	33
Cyanobakterien	106

D

Denitrifikationsfilter	56
Dornenkronen-Seestern	119, 122
Draht	84

E

EDTA	110
Eindringtiefe des Lichtes	17
Eisen	54
El Nino	96
endolithische Fauna	112
Entgasung	41
Epoxydharz	84

F

Fadenalgen	41
Farbfilter	27
Farbpigmentation	24
Farbpigmentation	28
Farbspektrum	20
Fischfütterung im Steinkorallenaquarium	61
Flimmereffekt	13
fluoreszierende Pigmente	28
Fragmentation von Steinkorallen	82
Fragmentieren eines LPS-Polypen	90
Fressfeinde	114
Fütterung von Steinkorallen	63

G

Gänsefuß-Seesternchen	114 ff
Gasaustausch	32
Gasbläschen	41
gasförmiger Stickstoff	56
Gegenströmung	36
geschlechtliche Fortpflanzung	65
geschlechtsreife Korallenstöcke	66
Geschlechtsreife von Steinkorallen	66
Gewebeuntergang	106
Gewebszerfall	100
GFP	28
green fluorescent protein	28
großpolypige Steinkorallen	87

H

Halogenmetalldampf-Hochdrucklampen	9
Harlekingarnele	119
Helicostoma nonatum	100 ff
Hilfspigmente	22
Hilfspigmente	28
hohe Wassertemperatur	102
hoher Kelvinwert	26
HQI	9
HRI	9
Hydrogencarbonat-Ionen	44
Hydroxid-Ionen	49
Hymenocera picta	119

I

Intervallautomatik	34
Intervallsteuerung	37
in-vitro-Untersuchungen	28
in-vivo-Untersuchungen	28
Ionenaustauscher-Harz	110

J

Jodbad	104
Jodbehandlung	104

K

Kaliumjodid	54
Kalkreaktor	48
Kalkwasser	49
Kalkwassergabe	49
Kalkwassermischer	50
Kalkwasser-Mischrohr	50
Kampftentakel	107
Karbonathärte	44
Karbonathärtepuffer	45
Kationen	110
Keimzellenabgabe	75
Kelvin-Werte	22
Kieselalgen	41
kleinpolypige Steinkorallen	62
Kobaltchlorid	54
Kohlefilterung	43
Kohlenstoff-Düngung	57
Korallen-Nachzuchtbecken	92
Körperreinigung	32
künstliches Mondlicht	75
Kupfer	110
Kupfersulfat	54

L

laminare Strömung	35
langfristiger Mittelwert	16
large polyped scleractinians	87
Larvenansiedlung	72 ff
Lebendgestein	40
Leptoseris fragilis	112
Leuchtstofflampen	10
Levamisol-Hydrochlorid	126
Lichtfarbe	20
Lichtklima	22
Lichtmaximum	13

Lichtminimum	20
Licht-Schatten-Effekt	10
Lichtverlust	16
Liter pro Stunde	37
LPS	87
Luftheber	32
Luftumwälzung	33
Lugol'sche Lösung	104
Lux	16
Luxmeter	20

M

Magnesium	52
Magnesiumchlorid-Hexahydrat	52
Magnesiumgehalt	52
Magnesiummangel	53
Magnesiumzufuhr	52
Mangansulfat	54
Massenablaichen	67
Massensterben von Fischen	76
Massenvermehrung von Protozoen	100 ff
maximale Lichtintensität	13
mechanische Filterung	41
Mengenelemente	44
Metalleinschlüsse	109
Metall-Ionen	110
milchiges Kalkwasser	50
Molybdän	110
Mondlicht	75
Mondzyklen	75
Mundöffnung	70

N

Nachzucht von Steinkorallen	65
Nahrungsversorgung	32
Natriumfluorid	54
Natriumhydrogencarbonat	47
Nesselgifte	102
Nickelsulfat	54
Niedervolt-Halogenlampen	12
Nitrat	40
Nitrat	55
Nitratabbau	40
Nitrataufbau	40
Nitratgehalt	55
Nitratkontrolle	56
Nitratkonzentrationen	56
Nitratwerte	56
Nitrobacter	40
Nitrosomonas	40
Nylonband	84

O

opportunistische Mikroorganismen	107
Ostreobium queckettii	111

P

PAR	9, 20
parasitäre Plattwürmer	123
parasitäre Turbellarien	123
Parasiten	114

Peridinin 28
PFP 28
Phophate 57
Phormidium corallyticum 106
Phosphatbindemittel 60
Phosphatdepots 60
Phosphatgehalt 57
phosphatreiches Leitungswasser 60
Phosphatsenkung 60
Photonen 27
Photosynthese 28
Photosyntheserate 28
photosynthetically available radiation 9, 20
photosynthetically usable radiation 9, 20
photosynthetisch verfügbare Strahlung 9, 20
photosynthetisch verwertbare Strahlung 9, 20
pH-Wert 31
Pigmentation 24
Pilze 111
pink fluorescent protein 28
Plankton 63
Plastikröhrchen 84
Plattwürmer 123
plötzlicher Gewebeverlust 96
Polychaeten 112
Polysept-Lösung 126
Povidonjod 127
Protozoen 100 ff, 103
Protozoenbefall 104
Protozoen-Massenvermehrung 100 ff
PUR 9, 20
Pygomatidae 122

Q
Quecksilberdampflampen 9

R
rapid tissue necrosis 96, 100
Rasterelektronenmikroskop 70
Redoxpotential 57
Reflektor 20
Refugium 63
Reserve-Lichtrezeptoren 28
Reverse-CSD 33
rosafarbene Pigmente 28
RTN 96, 100, 107
RTN-Behandlung 103

S
Salzgehalt 31
sauerstofffrei 40
Sauerstoffvergiftung 109
Säurebindung 44
Schlammfilteraquarium 43
Schmelzkleber 82
Schmelzpistole 82
Schmieralgen 41
Schutzproteine 30
schwache Beleuchtung 102
Schwämme 111
Schwarzbandkrankheit 106

Schwerkraftfilter 76
Schwermetall-Ionen 110
Schwermetallkonzentration 108
Schwermetallvergiftungen 108
Seepocken 122
Siedestein 44
Sipunculiden 112
small polyped scleractinians 62
Spektralanteile 26
Spektralfarben 22
sporadische Kohlefilterung 43
SPS-Korallen 62
Spurenelemente nach Balling 54
Spurenelemente 52
Spurenelementkombinationen 25
Starklichtphase 23
Steinkorallenfütterung 63
Steinkorallen-Nachzuchtaquarium 92
Stoffwechselaktivität von Symbiosealgen 27
Strahlungsmenge 27
Stressfaktoren 101
Strömungsverhältnisse 35
Strontiumchlorid 54
Stundenumwälzung 37
Substratauswahl 84

T
T5-Leuchtstofflampen 12
Tageslichtlampen 22
Tageslichtspektrum 22
Tauchkreiselpumpen 35
Tauchpumpe 34
Temperatur 31
toxische Sauerstoffradikale 99
Trennung des Kalkskelettes 90
Triton-Gehäuseschnecke 122
Tubastrea micrantha 112
Tubastrea-Larven 68 ff
Turbellarien 123
turbulente Strömung 35

U
Umkehr-Osmoseanlage 51
Unterwasser-Epoxydharz 83
UV-A-Strahlung 24
UV-Schutzpigmente 28
UV-Schutzstoffe 24
UV-Strahlung 66

V
V-4A-Draht 84
Vanadium 110
verwirbelungsreiche Strömung 36
Vollspektrum-Tageslicht 22

W
Wasseraufbereiter 110
Wasserfärbungen 17
Wasserströmung 32
Wassertrübungen 17
Weißbandkrankheit 106

Wimpernhaare 68
Wodkafilter 56

Z
Zentimeter pro Sekunde 37
Zeolith 44
Zinksulfat 54

Zoochlorella parasitica 107
Zooxanthellendichte 28

Auch aus dem Lagunenhabitat – hier ein Beispiel aus Indonesien – stammen viele der Steinkorallen, die wir im Aquarium halten, und selbst in der angrenzenden Mangrovenzone, hier links unten im Bild, leben einige davon.